ENCYCLOPÉDIE

portative,

OU

RÉSUMÉ UNIVERSEL

des sciences, des lettres et des arts,

EN UNE COLLECTION

DE

TRAITÉS SÉPARÉS;

PAR UNE SOCIÉTÉ DE SAVANS

ET DE GENS DE LETTRES,

Sous les auspices de MM. DE BARANTE, DE BLAINVILLE, BORY DE SAINT-VINCENT, CHAMPOLLION, CORDIER, CUVIER, DEPPING, C. DUPIN, EYRIÈS, DE FÉRUSSAC, DE GÉRANDO, JOMARD, DE JUSSIEU, LAYA, LETRONNE, DE MOLÉON, QUATREMÈRE DE QUINCY, THÉNARD et autres savans illustres;

ET SOUS LA DIRECTION

DE M. C. BAILLY DE MERLIEUX,

Avocat à la Cour royale de Paris, membre de plusieurs sociétés savantes, auteur de divers ouvrages sur les sciences, etc., etc.

IMPRIMERIE

DE

Decourchant,

RUE D'ERFURTH, N° 1, PRÈS DE L'ABBAYE.

———

LITHOGRAPHIE

DE

veuve Noël et Compagnie,

RUE DAUPHINE, N° 26.

ICONOGRAPHIE

DES

INSECTES,

OU

COLLECTION DE FIGURES

Représentant les Insectes qui peuvent servir de types pour chaque famille, avec des détails anatomiques,

DESSINÉES SUR PIERRE ;

ACCOMPAGNÉE D'UNE EXPLICATION DES PLANCHES

Par M. H. MILNE EDWARDS,

ET FAISANT LE COMPLÉMENT

DU RÉSUMÉ D'ENTOMOLOGIE

Par MM. AUDOUIN et H. MILNE EDWARDS.

Paris,

AU BUREAU DE L'ENCYCLOPÉDIE PORTATIVE,
Rue du Jardinet-Saint-André-des-Arts, n° 8 ;
Et chez BACHELIER, libraire, quai des Augustins, n° 55.

1828

ICONOGRAPHIE

DES

INSECTES.

EXPLICATION

DES

PLANCHES.

ANATOMIE DES INSECTES.

Système tégumentaire.

PLANCHE Ire.

Division du corps.

A. La *tête*, portant les antennes (F).

B. Le premier anneau du Thorax ou *Protho-rax*, auquel est fixée la première paire de pieds (*i*).

C. Second anneau du Thorax ou *Mésotho-rax*, portant la première paire d'ailes (G), dont les extrémités sont coupées; et la seconde paire de pattes (*h*).

D. Troisième anneau du Thorax ou *Méta-thorax*, portant la seconde paire d'ailes (*l*), dont les extrémités sont tronquées; et la troisième paire de pattes (*k*).

E. *Abdomen* dont on voit les divers anneaux et les appendices terminaux (en forme de pince).

Ces diverses parties appartiennent à une grande espèce de Criquet d'Afrique.

PLANCHE II.

STRUCTURE DU THORAX.

Fig. 1. Segment supérieur ou dorsal du Mésothorax (du Bombix grand-paon).

Cette partie étant parvenue à son maximum de développement, est formée de quatre pièces distinctes, savoir :

h. Le *Prescutum.*

i. Le *Scutum*.

k. Le *Scutellum*.

l. Et le *Post-Scutellum.*

Lorsque les anneaux ne supportent point d'appendices supérieurs ou d'ailes, ces di-

verses parties sont rudimentaires et con-
fondues entre elles comme dans le Prothorax
du Criquet (pl. 1, B.), où cependant l'on
aperçoit encore des lignes transversales
qui semblent indiquer ces divisions.

Fig. 2. Sternum et flancs du Mésothorax
(*Dytiscus circonflexus* Fab.).

a. Sternum.
b. Episternum.
c. Épimère.
d. Pièces de la patte.

STRUCTURE DES AILES.

Fig. 3. Nervures des ailes d'un Hyménop-
tère.

a. Le *Radius*, qui occupe le bord externe
de l'aile.
b. Le *Cubitus*, ou seconde nervure primitive
parallèle à la précédente.
c. *Carpe* ou point de l'aile.
d. *Nervures brachiales.*
e. *Nervure radiale* qui naît du radius ou du
carpe, et se porte vers le sommet de l'aile,
de manière à circonscrire, conjointement
avec le bord de cette partie, un espace
qu'on nomme la *cellule radiale.*

h. Nervure cubitale, qui est à peu près parallèle aux précédentes. L'espace compris entre elles constitue les *cellules cubitales.*

g. Nervures récurrentes, qui, en s'anastomosant avec les nervures déjà indiquées, forment les *cellules humérales.*

FORME DES ANTENNES.

Fig. 4. Antenne coudée et terminée en massue.

Fig. 5. Antenne filiforme en scie.

Fig. 6. Antenne terminée par une massue lamelleuse.

Fig. 7. Antenne en massue solide.

Fig. 8. Antenne perfoliée.

Système nerveux.

PLANCHE III.

Fig. 1. Système nerveux du *Carabe.*

A. A. A. Les ganglions qui sont ici au nombre de neuf paires, sont réunis sur la ligne médiane, de manière à former un nombre égal de masses médullaires impaires, communiquant entre elles par deux cordons interganglionaires (*b. b.*), qui sont restées distinctes. Le premier ganglion, ou le céphalique (A¹), fournit les nerfs optiques (*c*), et les cordons médullaires qui l'unissent au suivant forment une espèce de collier autour de l'œsophage (B¹).

Appareil digestif.

Organisation de la bouche.

Fig. 2. Appendices de la bouche d'un insecte broyeur (le Carabe).

A. *Labre* ou lèvre supérieure, pièce qui ferme supérieurement l'ouverture buccale, et qui est fixée à la tête dans toute l'étendue de son bord supérieur.

B. *Mandibules* qui sont situées, l'une à droite, l'autre à gauche de la bouche, immédiatement au-dessous et en arrière du labre.

C. *Mâchoires;* ces appendices font suite aux précédens, et sont situés de même. Ils portent chacun tantôt une palpe, tantôt deux; l'une externe (*c*), l'autre interne(*c'*).

D. *Lèvre inférieure; e*, la languette; *d*, les palpes labiales; et E le menton.

Fig. 3. Appendice de la bouche d'un insecte suceur (Lépidoptères : le *Zygæne écailleux*).

Les mêmes lettres indiquent les mêmes

parties que dans la figure précédente.
v. Antenne. X. OEil.

PLANCHE IV.

Fig. 1. Appareil digestif du *Carabe.*

b. Mandibules.

c. Palpes maxillaires.

g. OEsophage.

h. Jabot.

j. Gésier.

k. Ventricule chylifique ou estomac.

l. Vaisseaux biliaires dont l'insertion a lieu seulement à l'extrémité inférieure du ventricule chylifique.

m. Intestin grêle.

n. Cœcum.

o. Rectum.

p. Anus.

r. Organes sécréteurs excrémentitiels.

Fig. 2. Appareil digestif du *Blaps gigas:* les mêmes lettres indiquent les mêmes parties que dans la fig. 1re ; mais ici on voit les vaisseaux salivaires (Q), et les vaisseaux biliaires (L) s'insèrent au cœcum aussi bien qu'au ventricule chylifique.

Appareil de la respiration et de la circulation.

PLANCHE V.

Fig. 1. Vaisseau dorsal (du Truxal nasu.)

Fig. 2. Stigmate simple grossi.

Fig. 3. Système trachéen (de la Mante prie-dieu), composé de trachées vésiculaires et de trachées tubulaires.

Appareil de la génération.

PLANCHE VI.

Organes génitaux mâles de la Cantharide.

Fig. 1. Organes génitaux internes.

a. Testicules.

b. Canaux déférens.

c. c. Vésicules séminales.

d. Canal spermatique commun.

Fig. 2. Appareil copulateur (des Bourdons, *Apis lapidaria*, d'après Audouin).

e. Pièce basilaire.

g. Pièce médiane, recouvrant le pénis.

h. Appendices internes.

i. Appendices externes (pinces ou crochets).

Fig. 3. Le même appareil dans le *Bombus*

ruderatus : les diverses pièces sont indiquées par les mêmes lettres que dans la fig. précédente.

PLANCHE VII.

Organes générateurs femelles.

Fig. 1. Organes femelles du Hanneton commun, *Melolontha vulgaris.*

a. Ovaires.

b. Conduits excréteurs.

c. Canal commun de l'oviducte.

k. Vésicule copulatrice.

l. Portion de l'intestin.

Fig. 2. Les mêmes organes dans la Cantharide.

MÉTAMORPHOSES.

PLANCHE VIII.

Fig. 1. Animalcules spermatiques vus au microscope.

Fig. 2. Larve de Lépidoptère ou Chenille, (*Bombyx fasciuncula*).

Fig. 3. Nymphe du même insecte.

Fig. 4. Larve apode (Abeille).

Fig. 5. Nymphe du même insecte beaucoup grossi, ainsi que la fig. précédente.

HISTOIRE NATURELLE DES INSECTES.

ORDRE DES COLÉOPTÈRES.

Caractères des Coléoptères.

PLANCHE IX.

Fig. 1. Le HANNETON foulon.

Les ailes de la première paire sont d'une consistance semblable à celle des autres parties du squelette tégumentaire, et constituent des *Élytres* qui recouvrent la presque totalité de l'abdomen.

Fig. 2. Labre d'un Géotrupe.

Fig. 3. Mandibule du même.

Fig. 4. Mâchoire (portant une seule palpe),

Fig. 5. Lèvre inférieure.

Fig. 6. Une aile de la seconde paire du même animal, reployée transversalement.

Fig. 7. Tarse composé de cinq articles, comme cela se voit dans toutes les pattes des coléoptères pentamères et dans les quatre pattes antérieures des hétéromères.

Fig. 8. Tarse de quatre articles. Les pattes postérieures des coléoptères hétéromères et toutes les pattes des tétramères présentent cette disposition.

Fig. 9. Tarse formé de trois articles dis-
tincts.

Fig. 10. Tarses formés de trois articles dont
le premier est très-petit, et qui pendant
long-temps avait échappé aux observa-
tions ; aussi avait-on établi la division des
dimères pour recevoir les coléoptères qui
présentent cette disposition.

Coléoptères Pentamères.

FAMILLE DES CARNASSIERS.

PLANCHE X.

Fig. 1. Tête d'un coléoptère carnassier (Pro-
cruste), pour montrer les mandibules
saillantes et à découvert qui caractérisent
ces insectes.

Fig. 2 et 3. Mandibules portant deux palpes. Dans la tribu des Cicindelètes, l'extrémité de la mandibule est garnie d'un
onglet articulé avec elle par sa base
(fig. 3). Tandis que dans les Carabiques
cette partie est terminée par un crochet
qui ne présente aucune articulation à sa
base (fig. 2).

Tribu des Cicindelètes.

Fig. 4. CICINDÈLE champêtre, *Cicindela campestris* Lin.

Tribu des Carabiques.

Fig. 5. CARABE doré, *Carabus auratus* Lin.

PLANCHE XI.

Fig. 1. *Lebia nigripes* Dej.
Fig. 2. *Scarites sulcatus* Oliv.
Fig. 3. *Amares scalaris*, insecte faisant partie des Féronies de Lat.
Fig. 4. *Bembidion flavipedes* Oliv.

Tribu des Hydrocantares.

Fig. 5. DYTIQUE de Rœsel, *Dytiscus Roeselii* Fab.

PLANCHE XII.

Tribu des Gyrinites.

Fig. 1. GYRIN nageur, *Gyrinus natator* Lin.

FAMILLE DES BRACHÉLYTRES.

Tribu des Fissilabres.

Fig. 2. STAPHYLIN à élytres rouges, *Staphylinus Erythropterus* Lin.

Tribu des Longipalpes.

Fig. 3. PÉDÈRE des rivages, *Pæderus ripa-
rius.*

Tribu des Microcéphales.

Fig. 4. *Lomechusa emarginata.*

FAMILLE DES SORRICORNES.

Tribu des Buprestides.

PLANCHE XIII.

Fig. 1 BUPRESTE agréable, *Buprestes amœ-
nea* Kirby.

Fig. 5, pl. XIV. TRACHYDE menue, *Trachis
minuta* F.

Tribu des Élatérides.

Fig. 2, pl. XIII. TAUPIN germanique, *Elater
germanus* Lin.

Fig. 3. Portion du Taupin ocellé, vue en
dessous, pour montrer le prolongement
du sternum antérieur à l'aide duquel
l'animal peut sauter.

Tribu des Cébrionites.

Fig. 4. CÉBRION géant, *Cebrio gigas* Fab.

Tribu des Lampyrides.

PLANCHE XIV.

Fig. 1. DRILE jaunâtre, *Drilus flavescens*, mâle ; longueur, trois à cinq lignes.
Fig. 2. DRILE femelle.

Tribu des Mélyrides.

Fig. 3. MÉLYRE vert, *Melyrus viridis*.
Fig. 4. (*Voy.* ci-dessus, tribu des Bupresti-des, et fig. 5, famille des Clavicornes, tribu des Byrrhiens, pag. 14.)

Tribu des Clairones.

PLANCHE XV.

Fig. 1. *Pselaphus Hellwigii* Herbst. (Genre Scymène de Latr.); longueur, deux li-gnes.

FAMILLE DES CLAVICORNES.

Tribu des Histéroïdes.

Fig. 2. ESCARBOT sinueux, *Hister sinuatus*.

Tribu des Peltoïdes.

Fig. 3. NÉCROPHORE, ou porte-mort, fos-soyeur, *Necrophorus vespillo* Lin.; lon-gueur, neuf à dix lignes.

Tribu des Palpeurs.

Fig. 4. *Mastigus spicornis* (*Ptinus spicornis* Fabricius); longueur, environ trois li- gnes.

Tribu des Dermestins.

Fig. 5. Dermeste des pelleteries, *Dermestes pelio* Lin.

Tribu des Byrrhiens.

PLANCHE XVI.

Fig. 1. Anthrène à bandes, *Anthrenus ver- basci* (*Byrrhus verbasci* Lin.); longueur, environ une ligne.

Fig. 4. *Throscus Scaber*, planche xiv.

Tribu des Macrodactyles.

Fig. 2. *Dryops picipes* Oliv., *Hydera* Lat.; longueur, environ deux lignes.

FAMILLE DES PALPICORNES.

Tribu des Hydrophiliens.

Fig. 3. Hydrophile de poix, *Hydrophilus piceus* Fab.

Tribu des Sphéridiotes.

Fig. 4. Sphéridie à quatre taches, *Sphéri- dium scarabæides* L.

FAMILLE DES LAMELLICORNES.

Tribu des Scarabéides.

PLANCHE XVII.

Fig. 1. BOUSIER des Egyptiens, *Ateuchus Ægyptiorum.*

Fig. 2. *Oryctes nasicornis* Lin.

Tribu des Lucanéides.

Fig. 3. LUCANE cerf-volant, mâle, *Lucanus cervus* Lin.; longueur, environ deux pouces.

Coléoptères Hétéromères.

FAMILLE DES MÉLASOMES.

Tribu des Pimélaires.

PLANCHE XVIII.

Fig. 1. PIMÉLIE verruqueuse, *Pimelia verrucosa* Fischer.

Tribu des Blapsides.

Fig. 2. BLAPS rétrécie, *Blaps acuminata.*

Tribu des Ténébrionites.

Fig. 3. TÉNÉBRION de la farine, *Tenebrio molitor* Lin.

FAMILLE DES TAXICORNES.

Tribu des Diapériales.

Fig. 5. DIAPÈRE du bolet, *Diaperis boleti,* longueur, trois lignes.

Tribu des Crassicornes.

Fig. 4. *Tetratoma humerale* Herbst.

FAMILLE DES STÉNÉLYTRES.

Tribu des Hélopiens.

PLANCHE XIX.

Fig. 2. *Helops cæruleus.*

Tribu des Cistélides.

Fig. 3. *Cistela ceramboïdes;* longueur, cinq lignes.

Tribu des Sécuripalpes.

Fig. 4. *Melandrya caraboïdes.*

Tribu des OEdemérites.

Fig. 1. *OEdemera podagra.*

FAMILLE DES TRACHÉLYDES.

Tribu des Pyrochroïdes.

PLANCHE XX.

Fig. 1. *Pyrochroa rubens* Fab.

Tribu des Mordelones.

Fig. 2. *Ripiphorus biguttatus* Fischer.

Tribu des Horiales.

Fig. 3. *Horia maculata;* longueur, environ treize lignes.

Tribu des Cantharides.

Fig. 4. CANTHARIDE des boutiques, *Cantharis vesicatorius*; longueur, six à dix lignes.

Fig. 5. Crochets bifides qui terminent les tarses des Cantharides.

Coléoptères Tétramères.

FAMILLE DES RHINCHOPHORES.

Tribu des Anthribides.

PLANCHE XXI.

Fig. 2. *Anthribus latirostris.*

Tribu des Brentides.

Fig. 3. *Brentus caudatus.*

Tribu des Charansonites.

Fig. 1. CHARANSON vert, *Curculio viridis* Lin.

FAMILLE DES XYLOPHAGES.

Tribu des Bostrichins.

Fig. 4. *Bostrichus cylindraceus.*

Tribu des Trogositaires.

Fig. 5. *Latridus porcatus.*

FAMILLE DES LONGICORNES,
Tribu des Prioniens.

PLANCHE XXII.

Fig. 4. *Prionus exsertus.*
Tribu des Cérambycins.
Fig. 1. *Callichroma alpinum.*
Tribu des Lamiaires.
Fig. 2. *Dorcadion glycirrhizæ* P.
Tribu des Lepturètes.
Fig. 3. *Leptura lanuginosa.*

FAMILLE DES EUPODES.
Tribu des Criocérides.

PLANCHE XXIII.

Fig. 1. *Crioceris tuberculata.*
FAMILLE DES CYCLIQUES.
Tribu des Cassidaires.
Fig. 2. *Cassida lateralis.*
Tribu des Galucrites.
Fig. 3. *Galeruca tanaceti.*
FAMILLE DES CLAVIPALPES.
Fig. 4. *Erotylus gibberosus.*

Coléoptères Trimères.

FAMILLE DES APHIDIPHAGES.

PLANCHE XXIV.

Fig. 1. *Coccinella-7-punctata* Lin.

FAMILLE DES FUNGICOLES.

Fig. 2. *Monotoma striata.*

Fig. 3. *Eumorphus Sumatraiensis.*

FAMILLE DES PSÉLAPHIENS.

Fig. 4. *Chennium bituberculatum* Lat.

ORDRE DES ORTHOPTÈRES.

Caractères des Orthoptères.

PLANCHE XXV.

Fig. 1. Appendices de la bouche, vu à la loupe
(Criquet d'Afrique).

a. Labre.

b. Mandibules.

c. Mâchoires dont la division externe est
membraneuse, et constitue la galette.

d. Lèvre inférieure.

Fig. 2. Aile de la seconde paire dans le repos, plissée longitudinalement.

Fig. 3. *Voy.* la famille des Grilloniens, p. 20.

FAMILLE DES FORFICULAIRES.

PLANCHE XXVI.

Fig. 1. FORFICULE ou perce-oreille géant, *Forficula gigantea* Fab.; longueur, environ un pouce.

FAMILLE DES BLATTAIRES.

Fig. 2. *Blatta petiveriana.*

FAMILLE DES MANTIDES.

Fig. 3. MANTE prie-dieu, *Mantis religiosa* Lin.; grandeur naturelle.

FAMILLE DES SPECTRES.

PLANCHE XXVII.

Fig. 1. PHILLIE feuille sèche, *Phillium sicifolia*; grandeur naturelle.

Fig. 2. *Phasma angulata*; moitié grandeur naturelle.

FAMILLE DES GRILLONIENS.

Planche xxv, fig. 3. GRILLON domestique ou des cuisines, *Gryllus domesticus* Lin.

FAMILLE DES LOCUSTAIRES.

PLANCHE XXVIII.

Fig. 2. SAUTERELLE très-verte, ou grande

Sauterelle, *Locusta viridissima* Lin.; longueur, un pouce et demi.

FAMILLE DES ACRIDIENS.

Fig. 1. *Truxalis nasutus* Lin.

Fig. 3. CRIQUET rayé, *Acridium vittatum.*

ORDRE DES HÉMIPTÈRES.

Caractères.

PLANCHE XXIX.

Fig. 1. Pentatome vu en dessous pour montrer la disposition de la bouche, qui a la forme d'un long bec recourbé entre la base des pattes.

Fig. 2. Rostre du *Nepa Neptunia* de Savigny, relevé et vu en dessus; la partie principale ou la gaîne est formée par la lèvre inférieure; la lèvre supérieure est située entre la base du chaperon et le commencement de cette gaîne; enfin les mandibules et les mâchoires, renfermées dans son intérieur, le dépassent et constituent l'extrémité ou le sommet du bec.

Fig. 3. Les mêmes parties dont la base est à découvert. Les mandibules et les mâchoires ont été retirées de leur gaine et placées de chaque côté de cette pièce.

FAMILLE DES GÉOCORISES.

Tribu des Longilabres.

Fig. 4. *Pentatoma grata.*

PLANCHE XXX.

Fig. 2. SCUTELLAIRE marquée, *Scutellaria signata* Lin.

Fig. 2. *Lygæus crucifer* (*Acanthacerus crucifer* Palissot).

Tribu des Membraneuses.

Fig. 3. PUNAISE des lits, *Cimex lectularius* Lin.

Tribu des Nudicoles.

Fig. 4. RÉDUVE à pieds noirs, *Reduvius nigripes.*

Tribu des Rameurs.

Fig. 5. HYDROMÈTRE linéaire, *Hydrometra linearis.*

FAMILLE DES HYDROCORISES.

Tribu des Népides.

PLANCHE XXXI.

Fig. 1. NOTONECTE glauque, *Notonecta glauca* Lin.

FAMILLE DES CICADAIRES.

Tribu des Chanteuses.

Fig. 2. CIGALE du Frène, *Cicada Fraxini.*

Tribu des Fulgorelles.

Fig. 3. FULGORE porte-chandelle *Fulgora candelaria* Fab.

Tribu des Cicadelles.

Fig. 4. CERCOPE sanguinolent, *Cercopis sanguinolenta.* Cigale à cinq taches de Geofroy.

Tribu des Membracides.

PLANCHE XXXII.

Fig. 1. *Centrotus cornutus.*

FAMILLE DES HYMÉNÉLYTRES.

Tribu des Psyllidies.

Fig. 6. PSYLLE du jonc, *Psylla junci.*

Tribu des Aphidiens.

Fig. 4. PUCERON du rosier, *Aphis rosari;* longueur, environ deux lignes.

Fig. 5. Sa larve.

FAMILLE DES GALLINSECTES.

Fig. 2. COCHENILLE du Nopal, mâle, *Coccus cocti* Lin.

Fig. 3. La femelle.

ORDRE DES NÉVROPTÈRES.

Caractères.

PLANCHE XXXIII.

Fig. 1. Mandibule d'un Agrion vue à la loupe.

Fig. 2. Mâchoire.

Fig. 3. Lèvre inférieure.

FAMILLE DES LIBELLULIENS.

Fig. 4. AGRION vierge, *Libellula virgo* Lin.

FAMILLE DES ÉPHÉMÉRINES.

Fig. 5. ÉPHÉMÈRE commun, *Ephemera vulgata* Lin.

FAMILLE DES PLANIPENNES.

Tribu des Fourmilions.

PLANCHE XXXIV.

Fig. 1. FOURMILION de fourmis, *Myrmeleon formicarium* Lin.

Fig. 2. Sa larve.

Fig. 3. Sa nymphe.

FAMILLE DES PLICIPENNES.

Fig. 4. FRIGANE jaune, *Phryganea lutea*.

ORDRE DES HYMÉNOPTÈRES.

Caractères.

PLANCHE XXXV.

Fig. 1. BOURDON, lèvre supérieur.
Fig. 2. Lèvre inférieure.
Fig. 3. Mâchoire.
Fig. 4. Mandibule.

FAMILLE DES PORTE-SCIES.

Tribu des Tenthrédènes.

Fig. 5. *Tenthredo axillaris.*

Tribu des Urocérates.

PLANCHE XXXVI.

Fig. 1. *Urocerus gigas.*

FAMILLE DES PUPIVORES.

Tribu des Evéniales.

Fig. 2. *Evania appendigaster.*

Tribu des Ichneumonides.

Fig. 3. *Ichneumon vittatorius.*

Tribu des Gallicoles.

Fig. 4. CYNIPS du rosier ou du bédéguar,
nom que l'on donne aux excroissances

que la piqûre de ces insectes détermine sur les arbres; *Cynips rosæ.*

Tribu des Chalcidites.

PLANCHE XXXVII.

Fig. 2. *Chalcis cornigera.*

Tribu des Chrysides.

Fig. 1. *Chrysis stoudera.*

FAMILLE DES HÉTÉROGYNES.

Tribu des Formicaires.

Fig. 4. FOURMI, *Formica subterranca.*

Fig. 5. Larve de fourmi.

Tribu des Mutillaires.

Fig. 3. MUTILLE écarlate, *Mutilla coccinea,* mâle.

FAMILLE DES FOUISSEURS.

Tribu des Crabronites.

PLANCHE XXXVIII.

Fig. 1. *Crabro notatus.*

FAMILLE DES DIPLOPTÈRES.

Tribu des Guêpiaires.

Fig. 2. GUÊPE, *Vespa nota.*

FAMILLE DES MELLIFÈRES.

Fig. 3. ABEILLE domestique, femelle, *Apis mellifica* Lin.

Fig. 4. Abeille ouvrière ou neutre.

ORDRE DES LÉPIDOPTÈRES.

PLANCHE XXXIX.

(Pour l'organisation de la bouche, voyez planche III, fig. 3.)

FAMILLE DES DIURNES.

Tribu des Papillonides.

Fig. 1. PAPILLON flambé, *Papillio podalarius* Lin.

Fig. 2. PARNASSIEN d'Apollon, *Parnassius Phœbus*. Les ailes relevées verticalement dans le repos, tandis que dans les familles suivantes elles sont couchées horizontalement sur le corps, comme dans la figure suivante.

Fig. 3. *Voyez* la famille des Nocturnes.

Tribu des Hespérides.

PLANCHE XL.

Fig. 1. HESPÉRIE du bouleau, *Hesperia betulæ*.

FAMILLE DES CRÉPUSCULAIRES.

Tribu des Sphingides.

Fig. 2. SPHINX tête de mort, *Sphinx atropos*

Lin.; envergure, environ quatre pouces et demi.

Tribu des Zygénides.

Fig. 3. Zygène du sainfoin, *Zygœna feni-greci.*

FAMILLE DES NOCTURNES.

Tribu des Bombycites.

PLANCHE XLI.

Fig. 1. Bombix du mûrier, ver à soie, *Bombyx mori* Lin.

Tribu des faux Bombyx.

Fig. 3. Callimorphe du séneçon, *Callimorpha jacobcæ.*

Tribu des Phalénites.

Fig. 2. Phalène à plumet, *Phalœna plumistaria.*

Tribu des Noctuélites.

Planche xxxix, fig. 3. Noctuelle bouffonne, *Noctuella ludicra.* Les ailes couchées dans le repos.

Tribu des Tinéites.

PLANCHE XLII, fig. 1.

Fig. 3. Teigne du harpon, *Tinea harpella.*

Tribu des Crambites.

Fig. 2. ALUCITE de Latreille, *Alucites Latreillii.*

Tribu des Ptérophorites.

Fig. 1. PTÉROPHORE éventail, *Pterophorus flabellum.*

ORDRE DES RHIPIPTÈRES.

PLANCHE XLIII.

Fig. 1. *Xenos Pekii;* longueur de l'animal, environ deux lignes.

Fig. 2. Tête du même, vue en dessous.

Fig. 3. La même, vue en avant.

Fig. 4. Larve du Xenos pekii; longueur, environ quatre lignes.

ORDRE DES DIPTÈRES.

Caractères.

PLANCHE XLIV.

Fig. 1. Lèvre supérieure et langue (du *Tabanus italicus*) très-ouvertes et vues de face, d'après Savigny.

Fig. 2. Mandibules du même insecte.

Fig. 3. Mâchoires portant une palpe, formée de deux articles.

Fig. 4. Lèvre inférieure du même.

FAMILLE DES HÉMOCÈRES.

Tribu des Culicides.

Fig. 5. Cousin commun, *Culex pipiens* Lin.

FAMILLE DES TANYSTOMES.

Tribu des Taoniens.

Fig. 6. Taon nègre, *Tabanus nigritia.*

Tribu des Bombyliers.

PLANCHE XLV, fig. 1.

Fig. 1. Bombyle peint, *Bombylius depictus.*

FAMILLE DES ANTHÉRICÈRES.

Tribu des OEstrides.

Fig. 2. OEstre salutaire, *OEstrus salutaris.*

Tribu des Muscides.

Fig. 3. Mouche domestique, *Musca domestica* Lin.

FAMILLE DES PUPIPARES.

Tribu des Cariaces.

Fig. 4. Hippobosque du cheval, *Hippobosca equina* Lin.

ORDRE DES SIPHONAPTÈRES.

Caractères.

PLANCHE XLVI.

Fig. 1. Tête de la puce commune, vue de face; on aperçoit le bec entre la base des pattes.

Genre Puce.

Fig. 2. Puce commune, *Pulex irritans*.

Fig. 3. Puce pénétrante ou Chique, mâle, *Pulex penetrans*.

Fig. 4. La femelle de la Puce pénétrante, dont l'abdomen est dilaté par les œufs.

ORDRE DES PARASITES.

FAMILLE DES MANDIBULÉS.

PLANCHE XLVII.

Fig. 1. Ricin du paon, *Ricinus pavonis*. La grandeur naturelle est indiquée à côté par une ligne.

FAMILLE DES SIPHONCULÉS.

Fig. 2. Pou de tête, *pediculus capitis*, vu en dessus.

Fig. 3. Le même, vu en dessous.

Fig. 4. Une patte du même.

ORDRE DES THYSANOURES

FAMILLE DES LÉPISMÈNES.

PLANCHE XLVIII.

Fig. 1. MACHILE polypode Lat., *Lepisme polypoda* Lin.

FAMILLE DES PODURELLES.

Fig. 2. PODURE velue, *Podura villosa*, vu en dessus.

Fig. 3. La même, vue de profil, pour montrer les appendices de l'abdomen.

FIN DE L'ICONOGRAPHIE DES INSECTES.

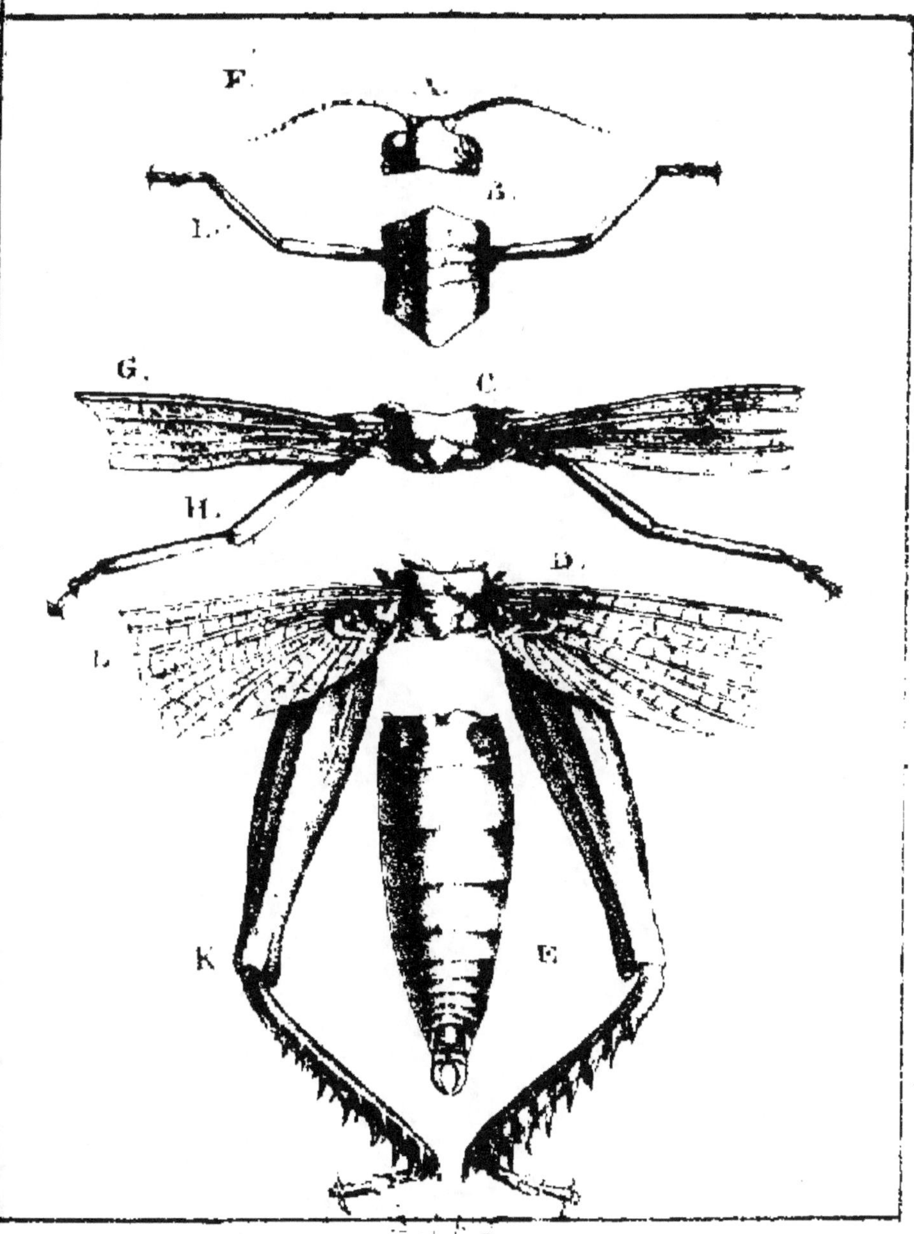

Système Tégumentaire.

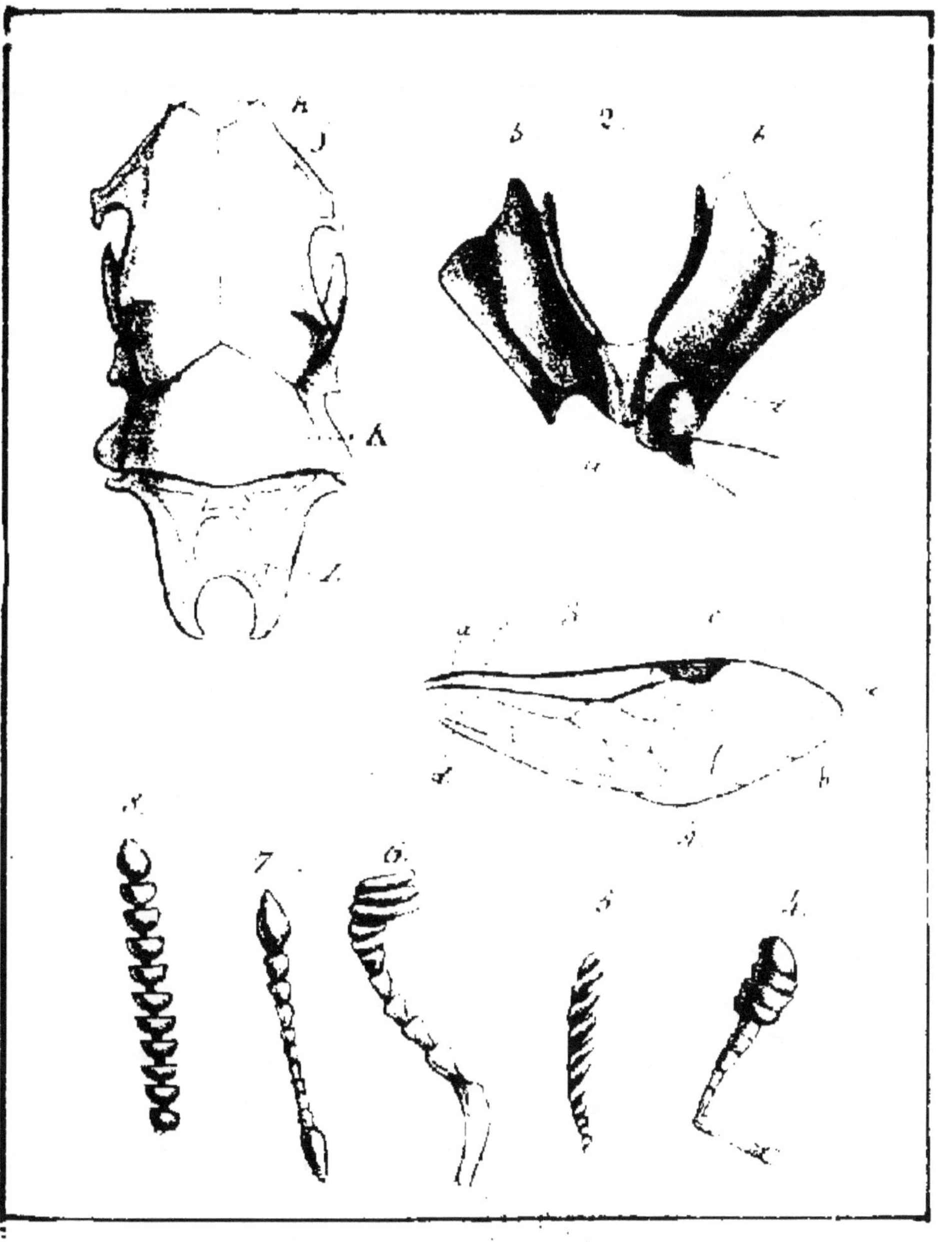

Système Tégumentaire.

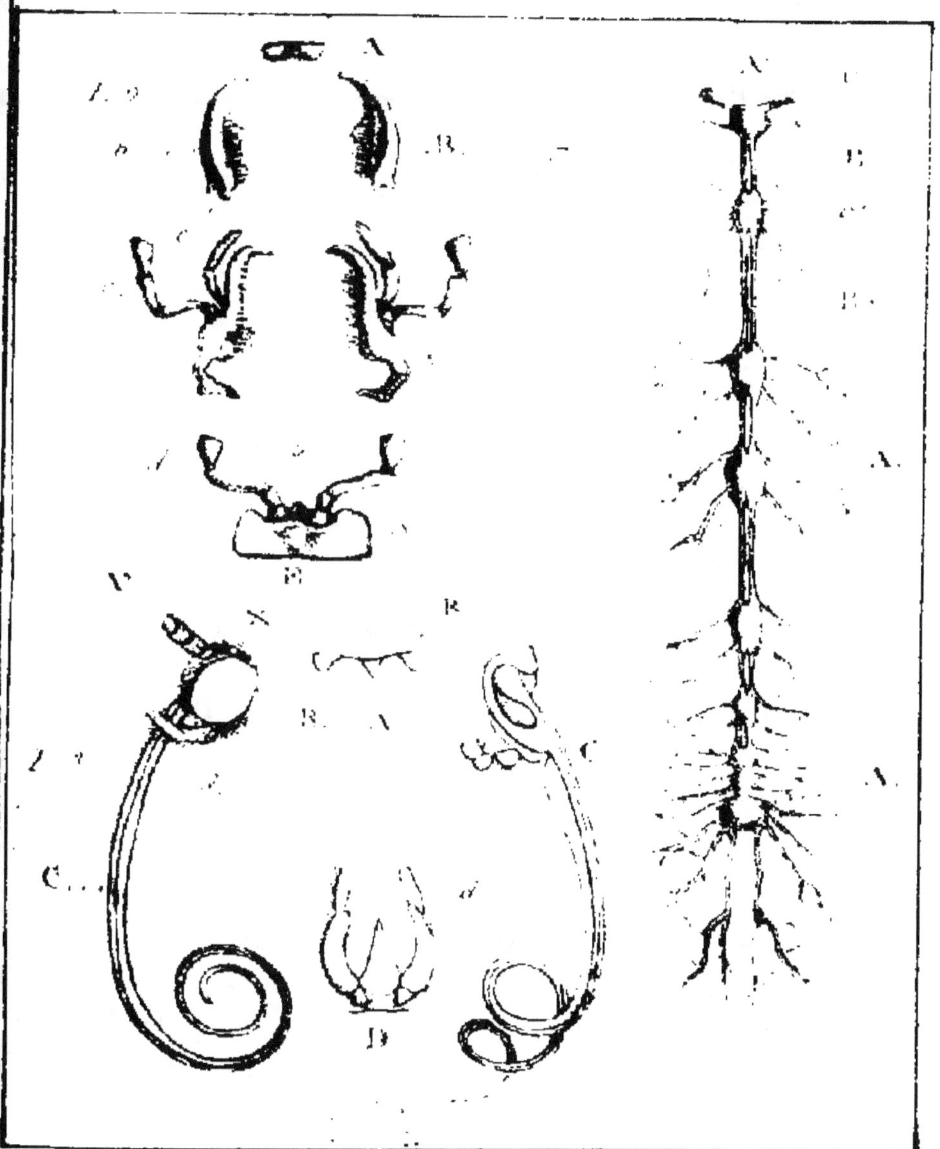

1, Système nerveux, 2,3 Appareil digestif.

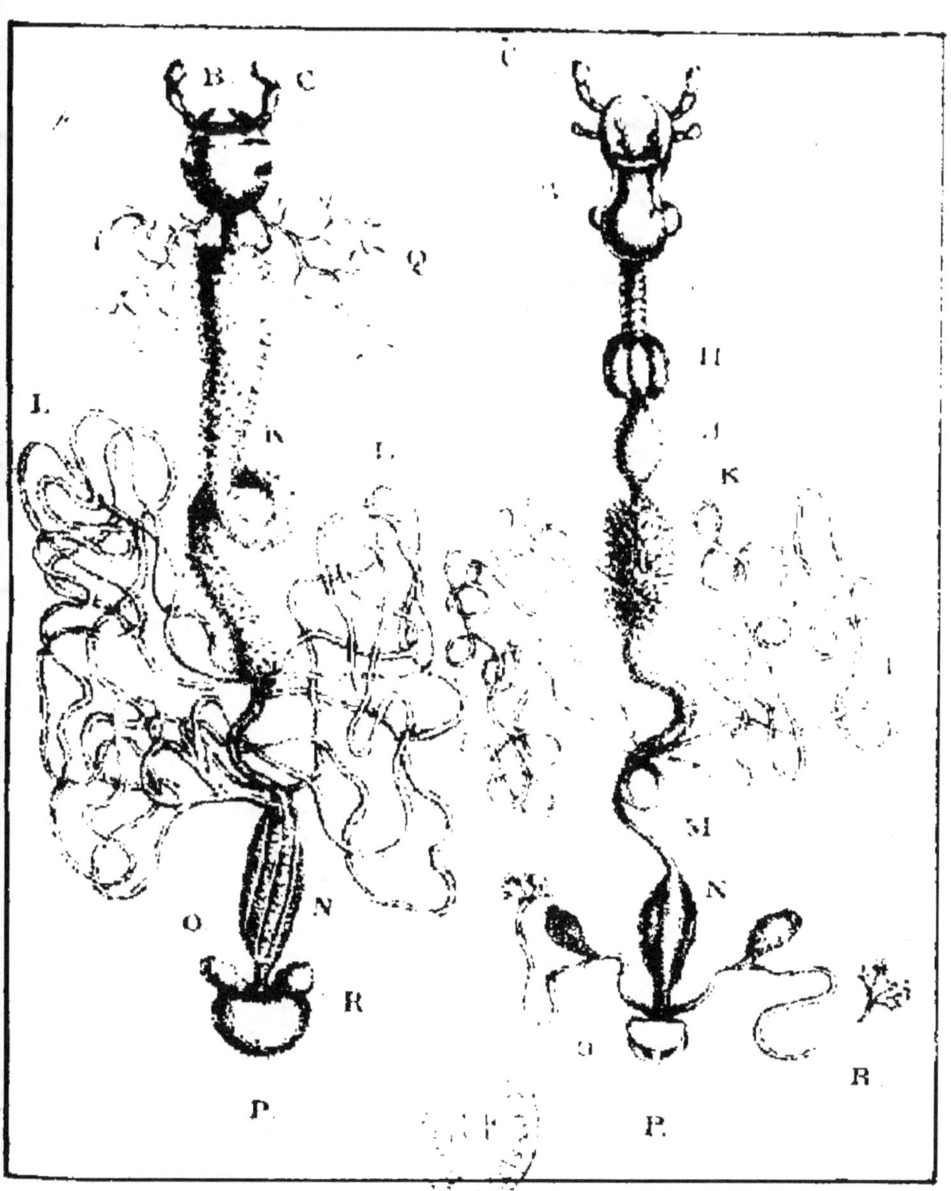

Appareil digestif.

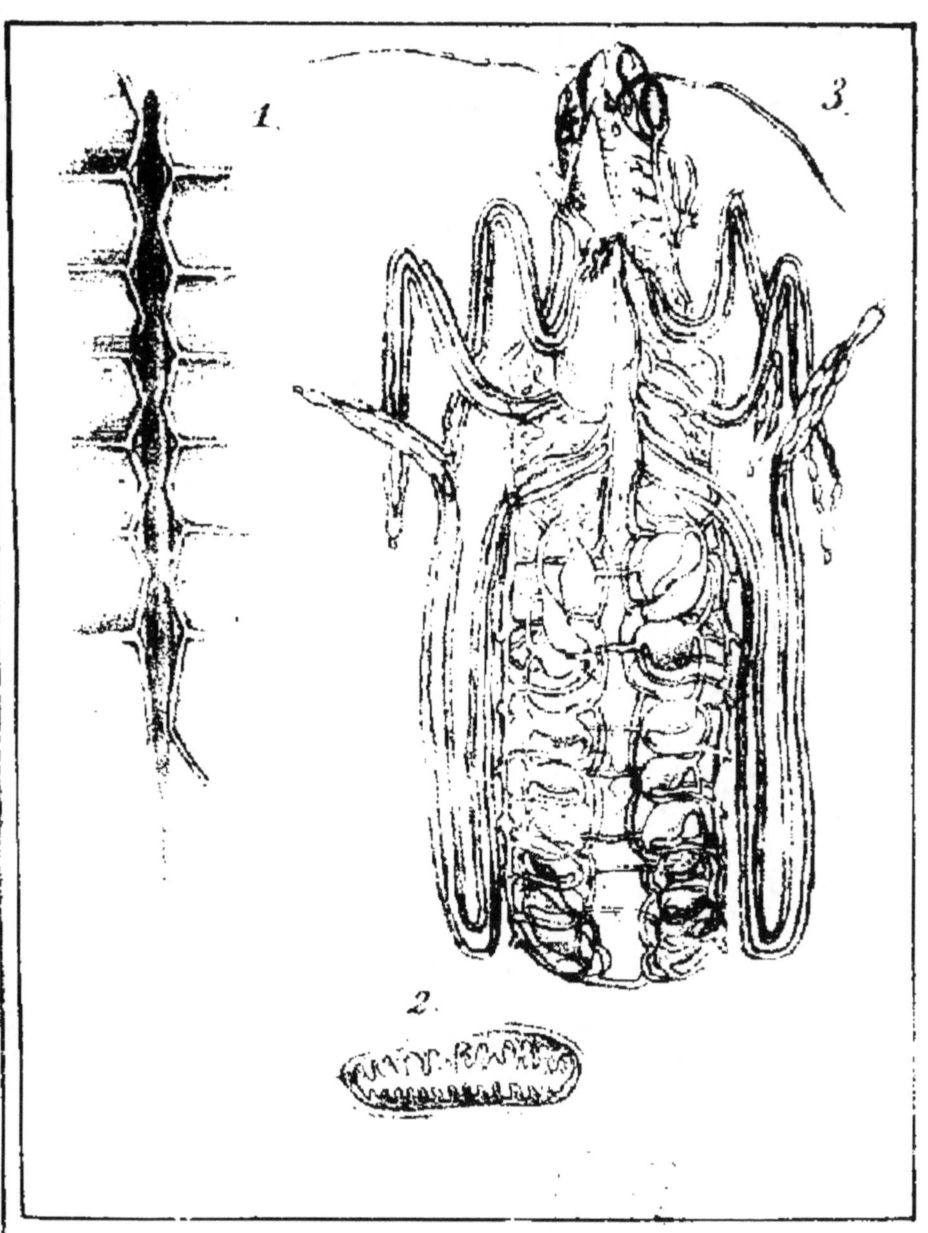

Systèmes Circulatoire et Respiratoire.

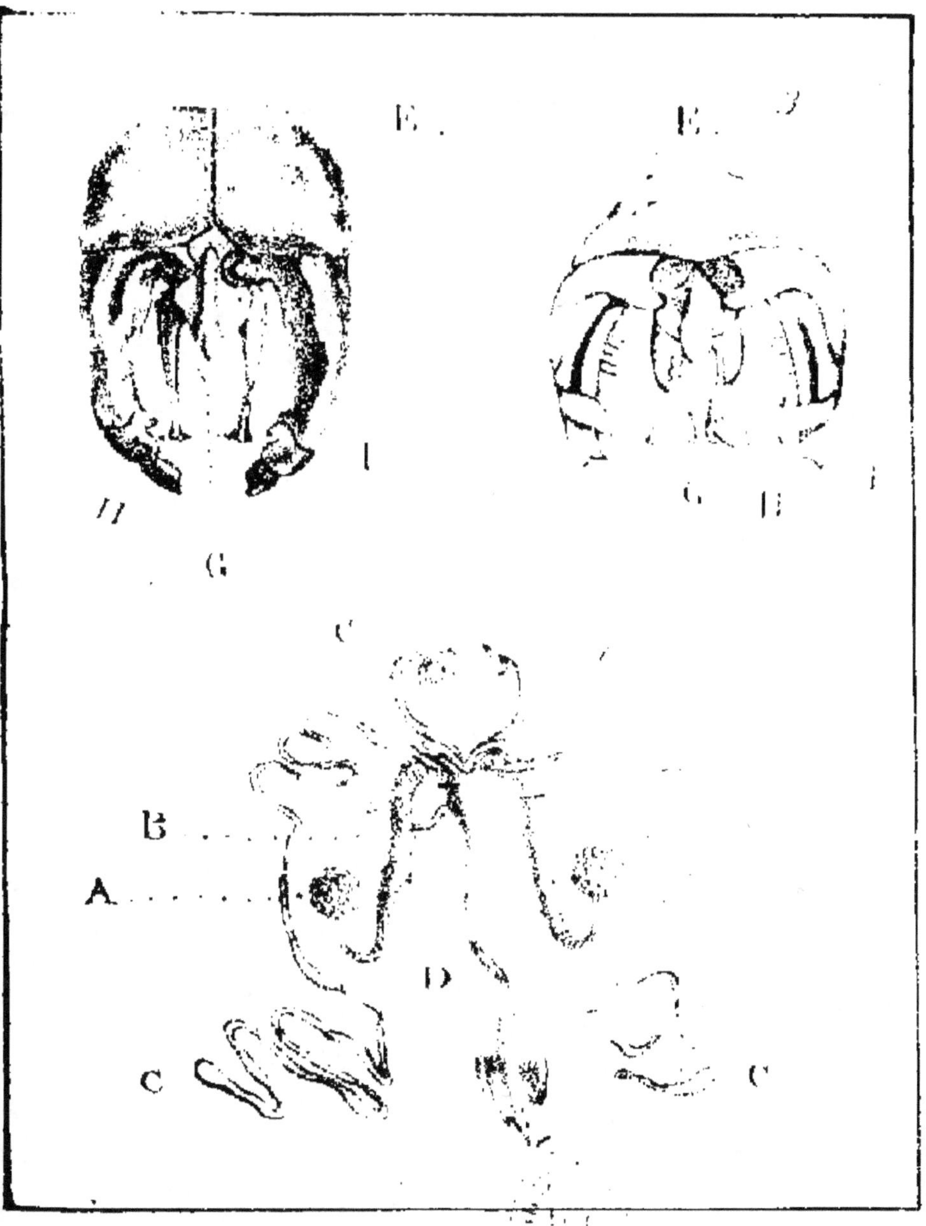

Appareil de la génération.

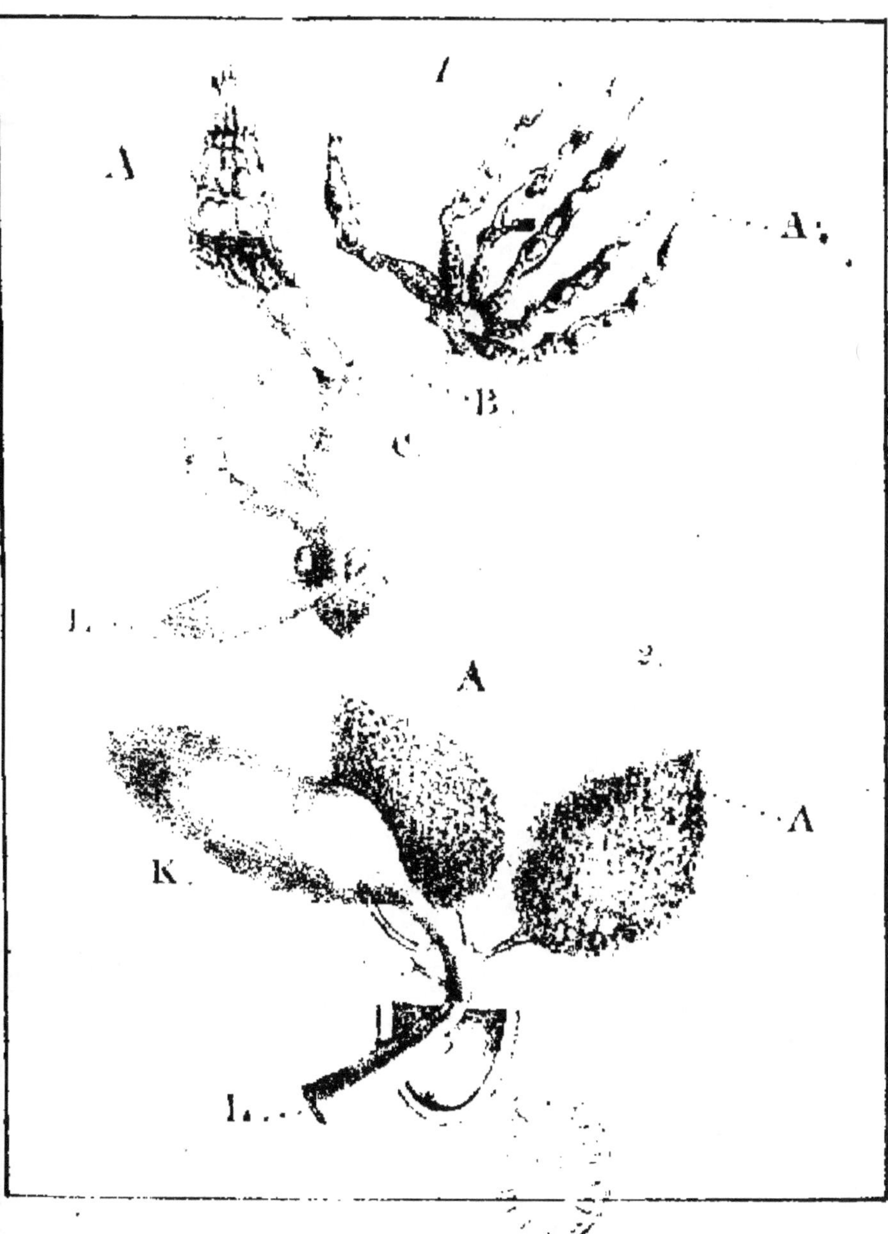

Appareil de la generation.

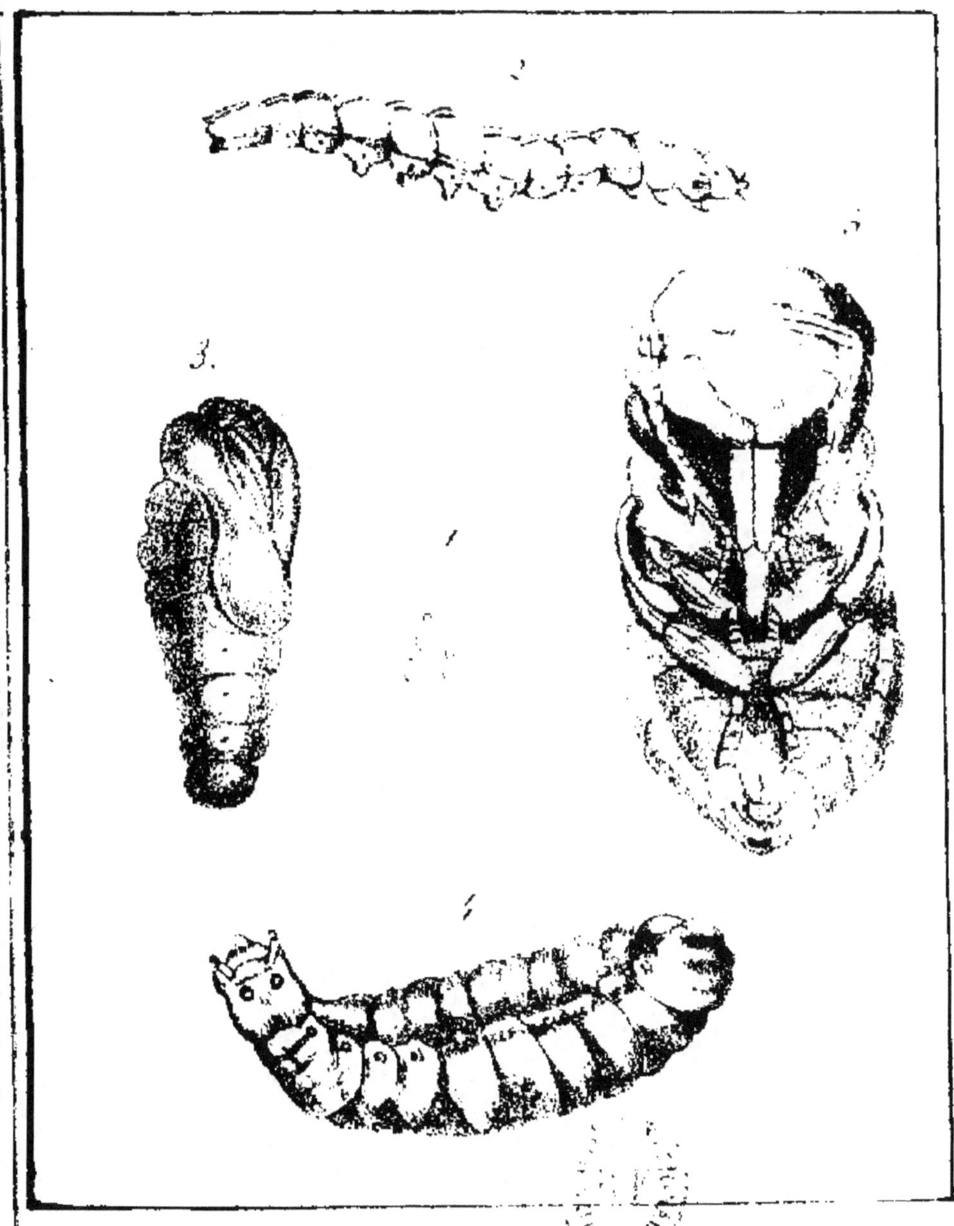

Larves et Nymphes

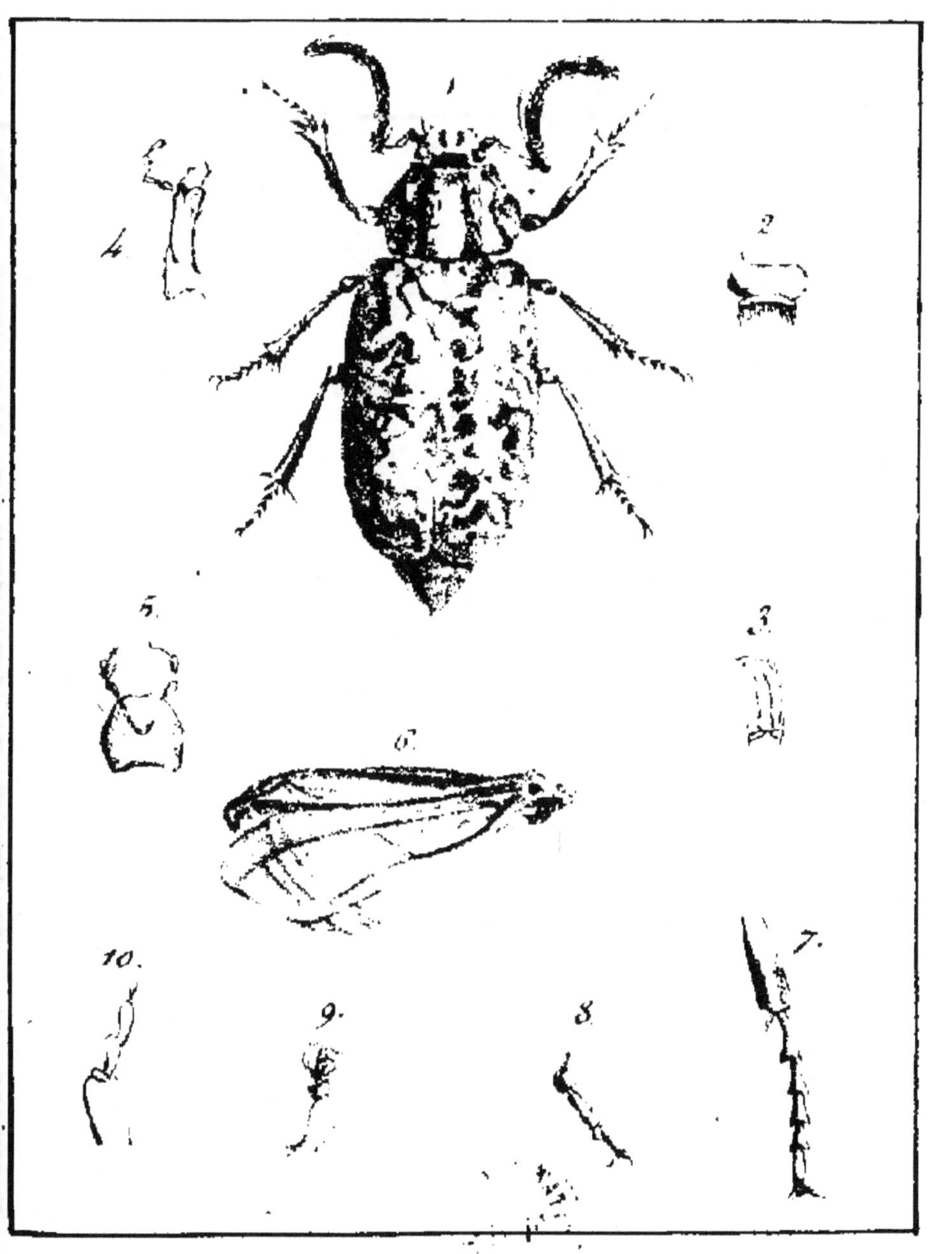

Caractères.

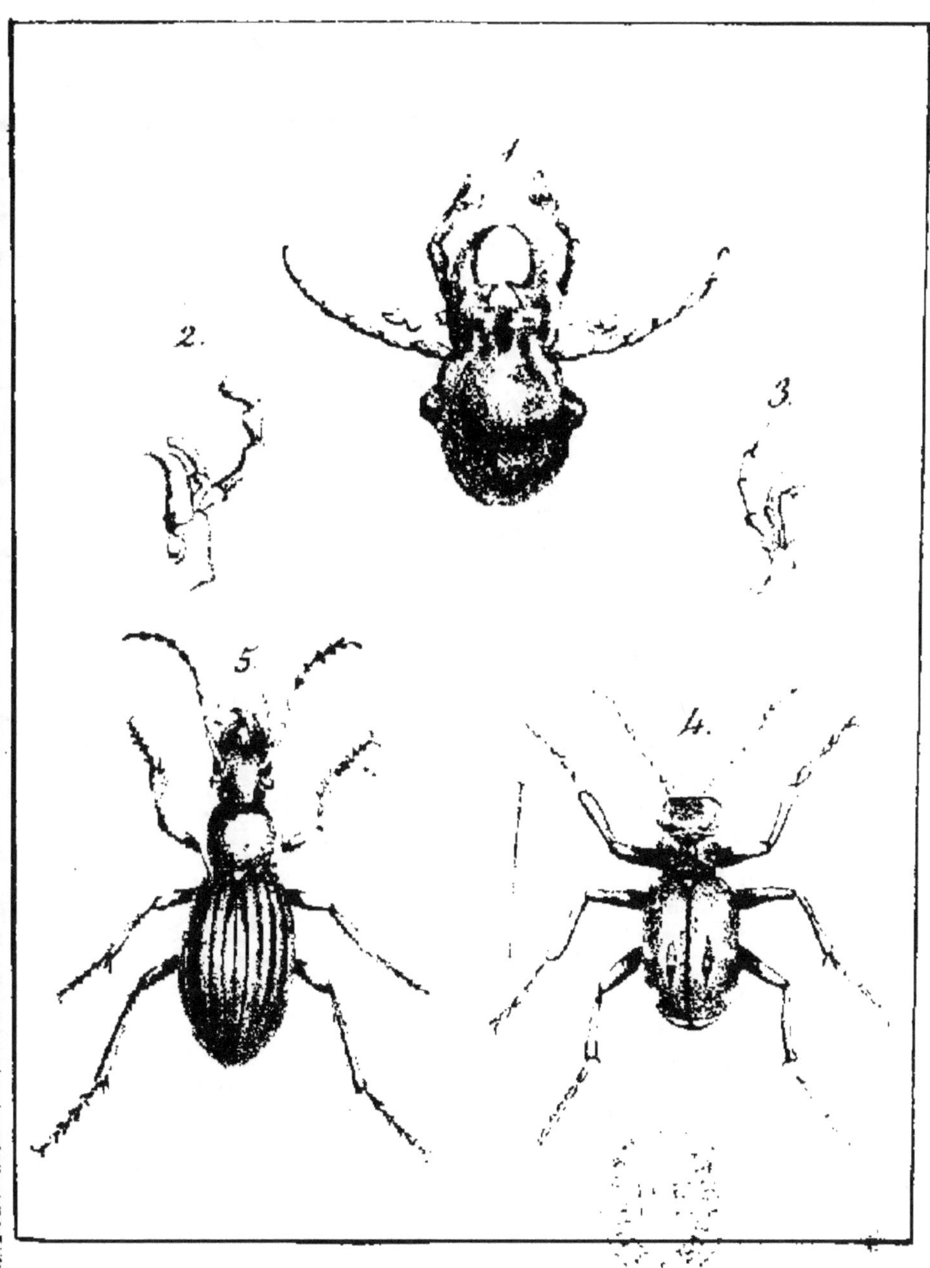

Carnassiers.

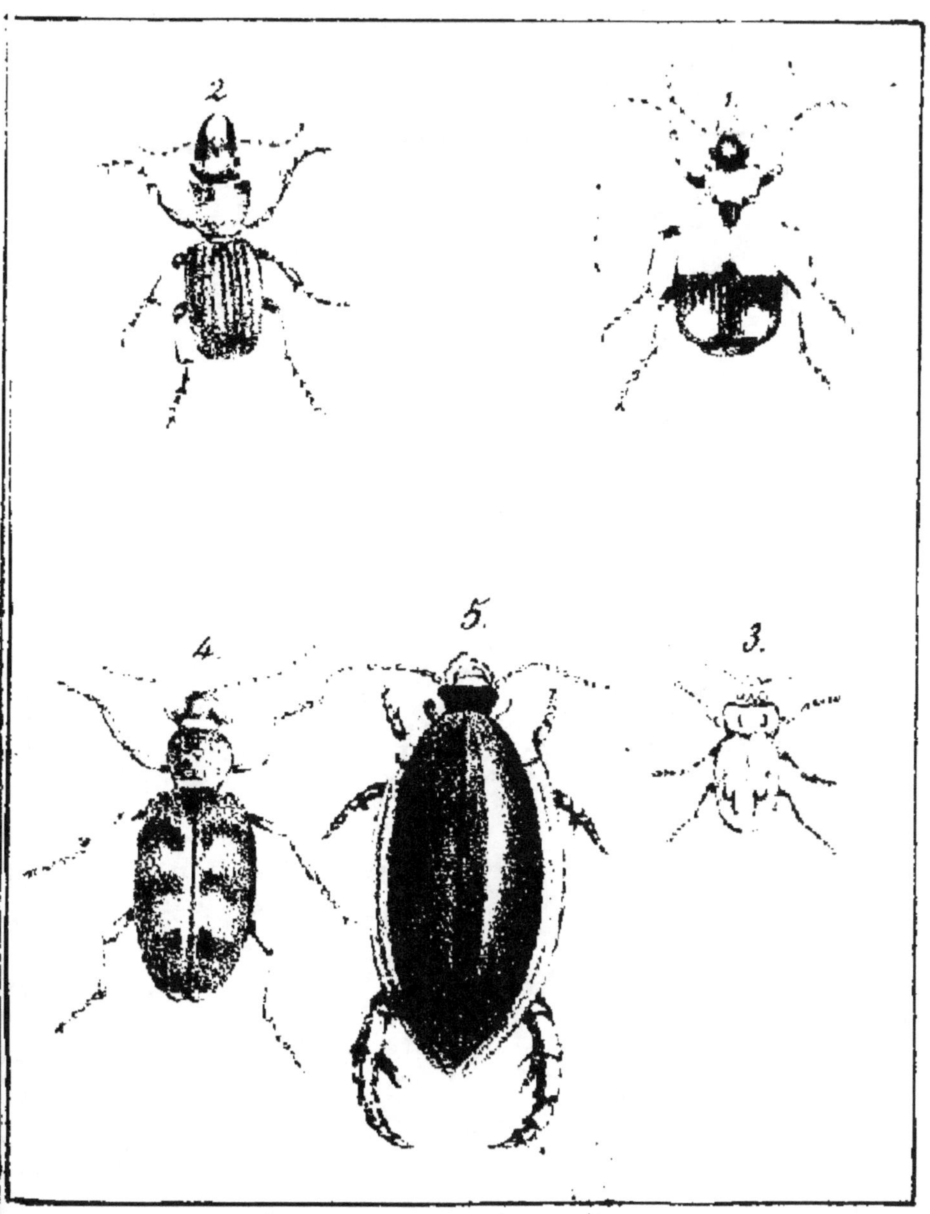

Carnassiers.

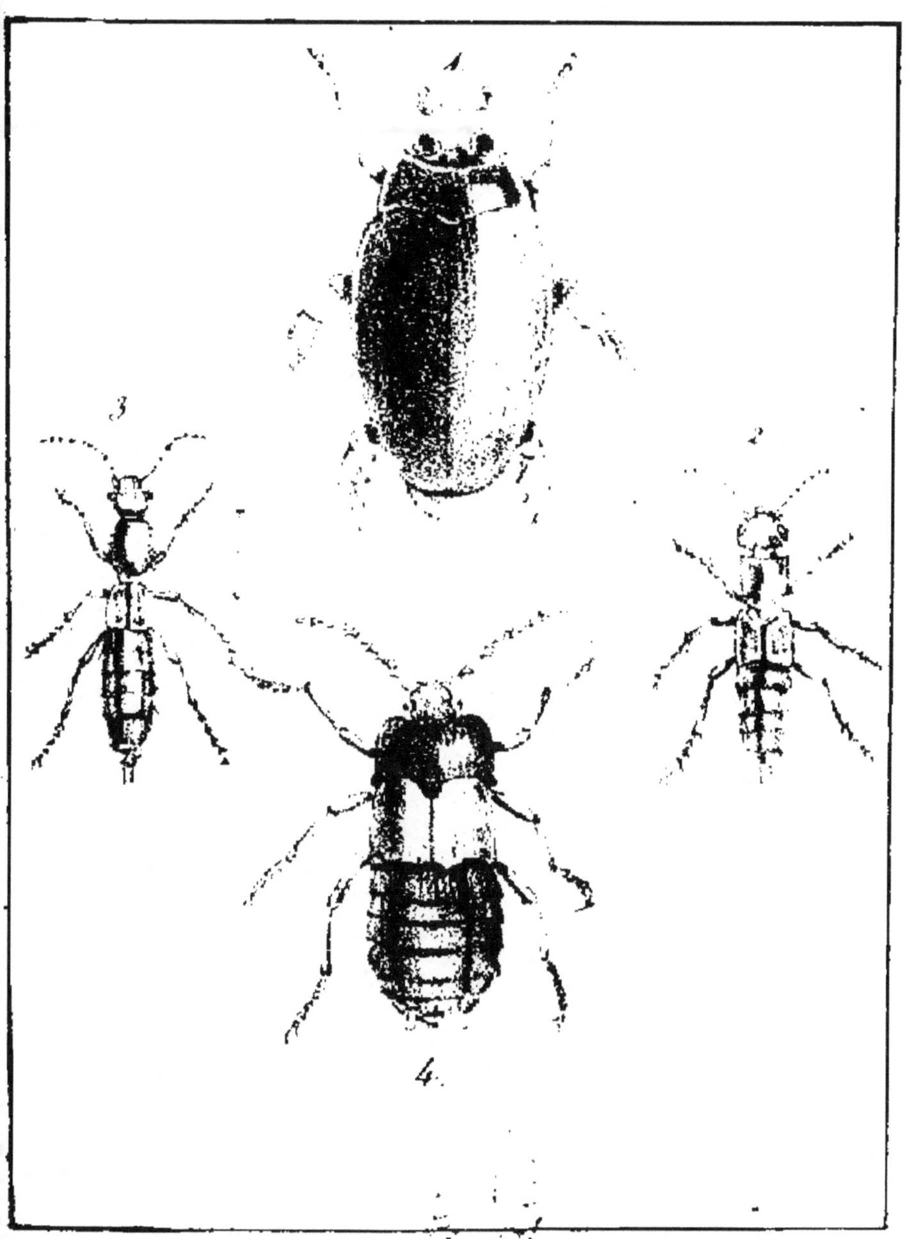

1. Carnassiers, 2 3 4. Brachélytres.

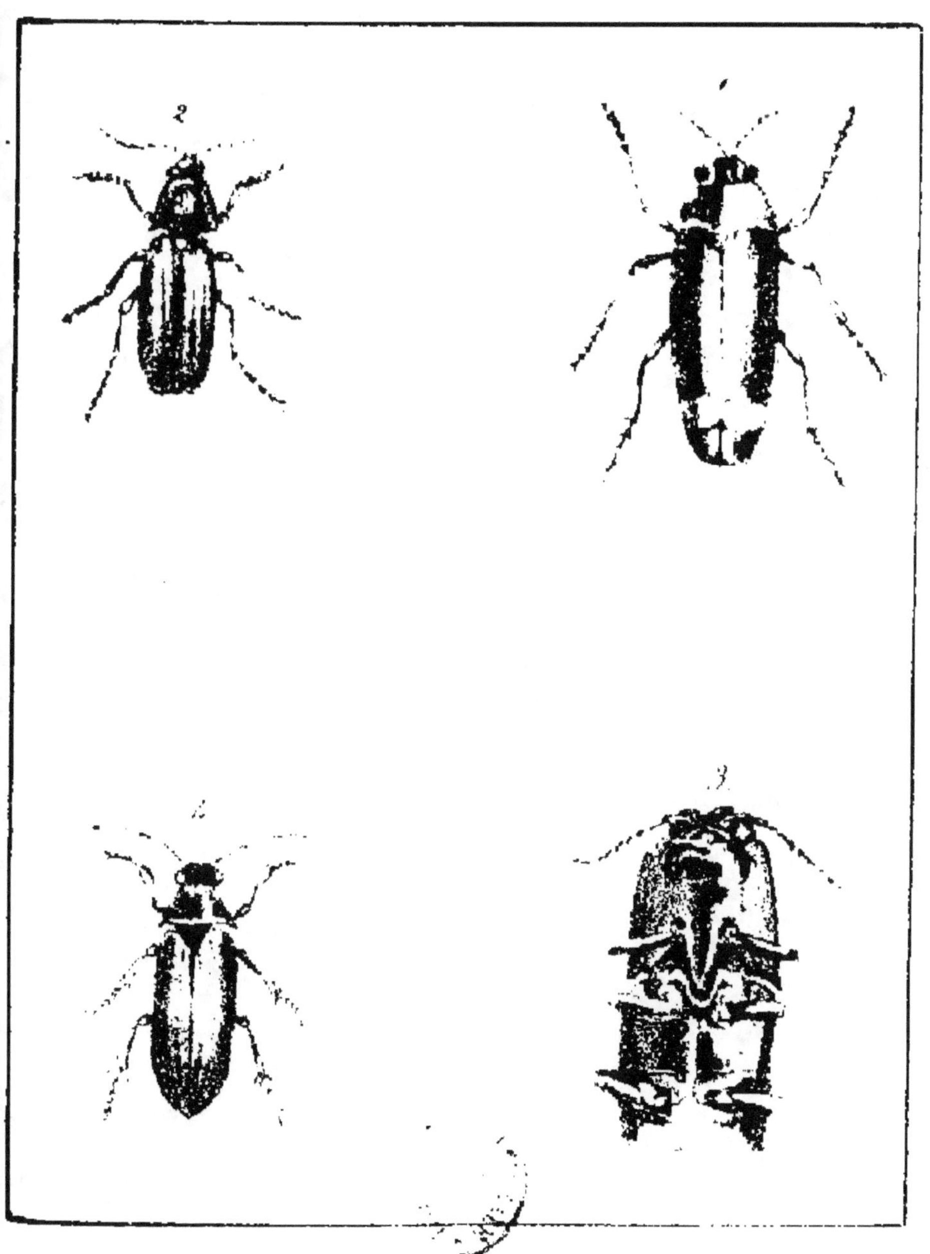

Serricornes

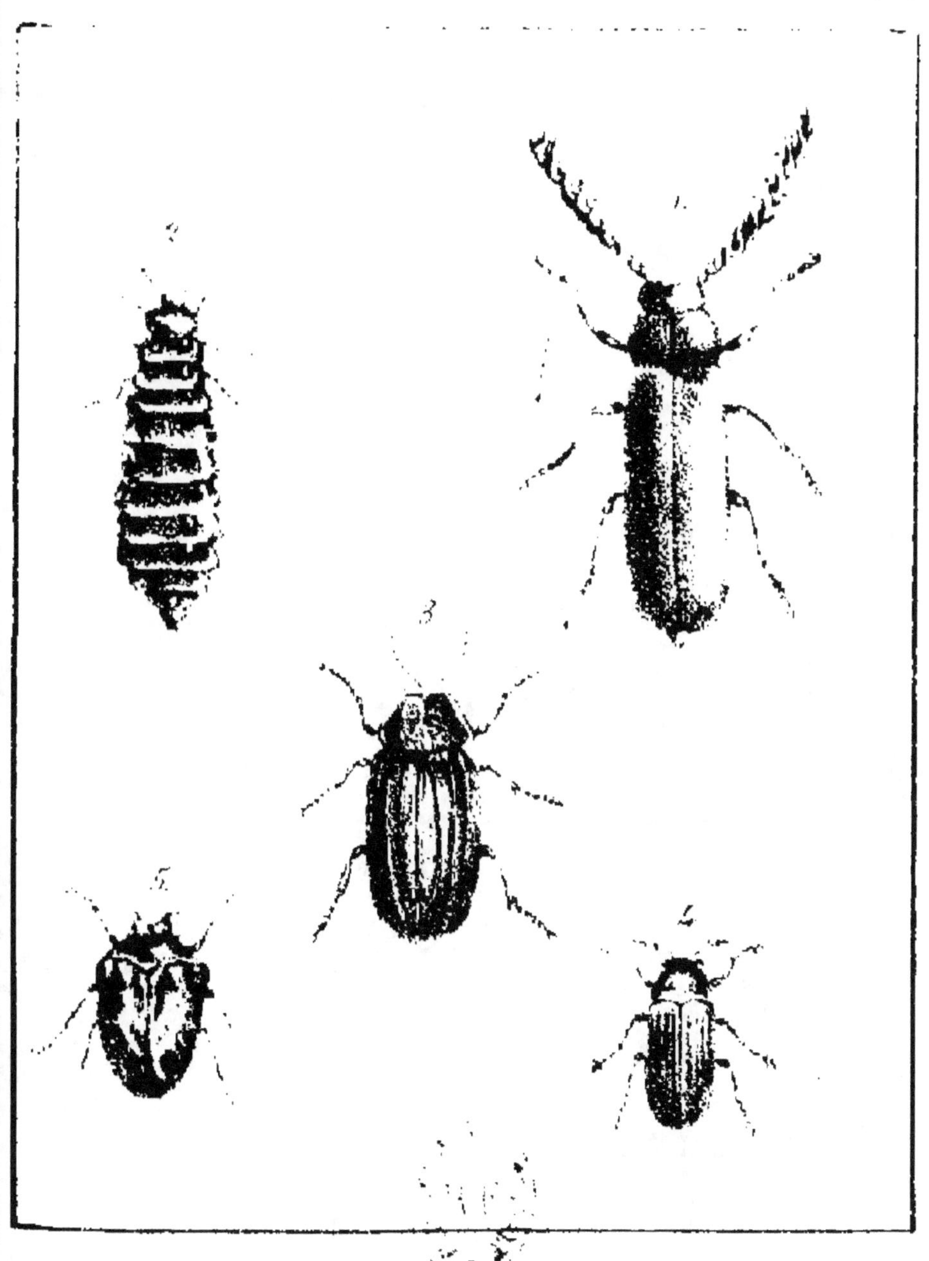

Serricornes.

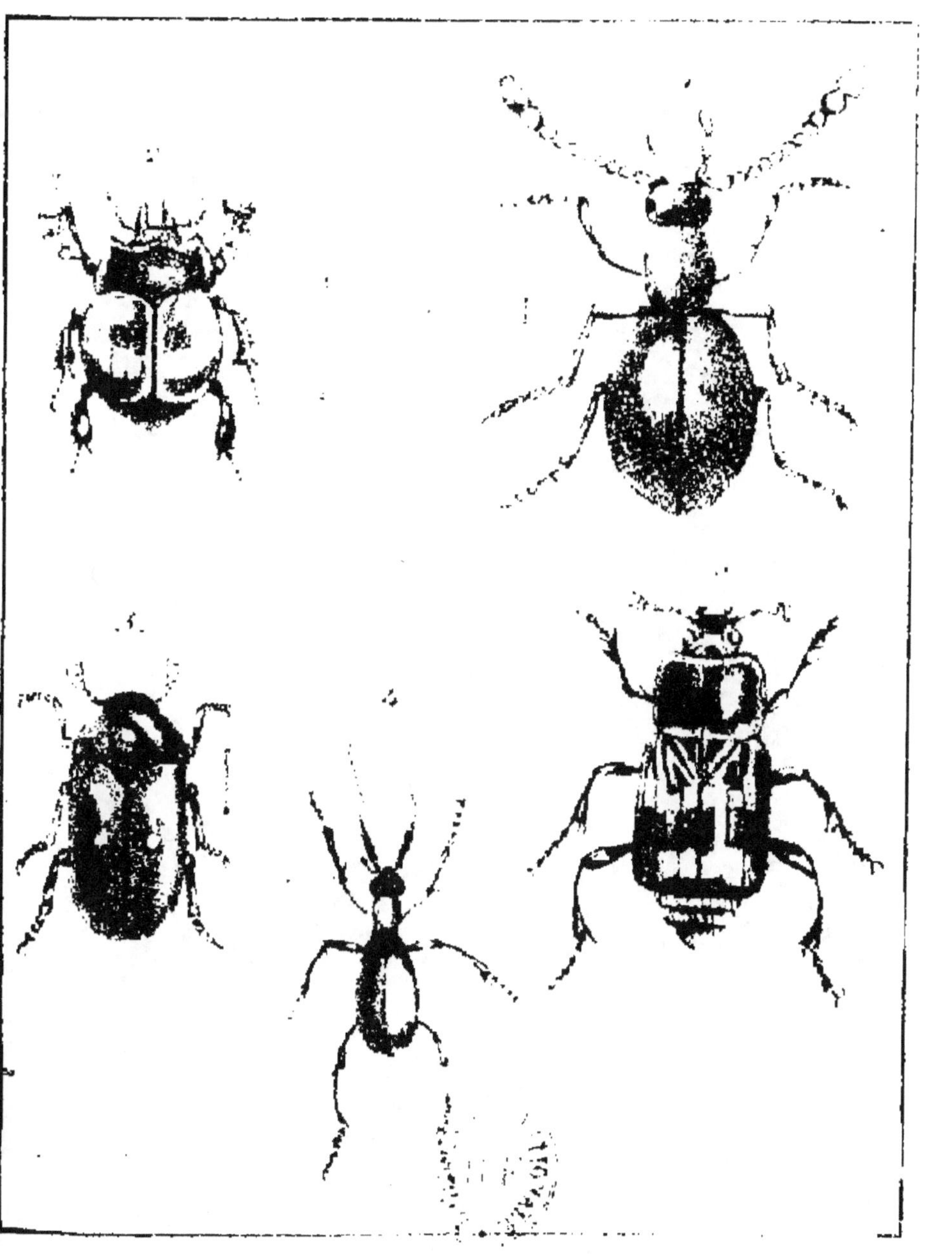

Clavicornes.

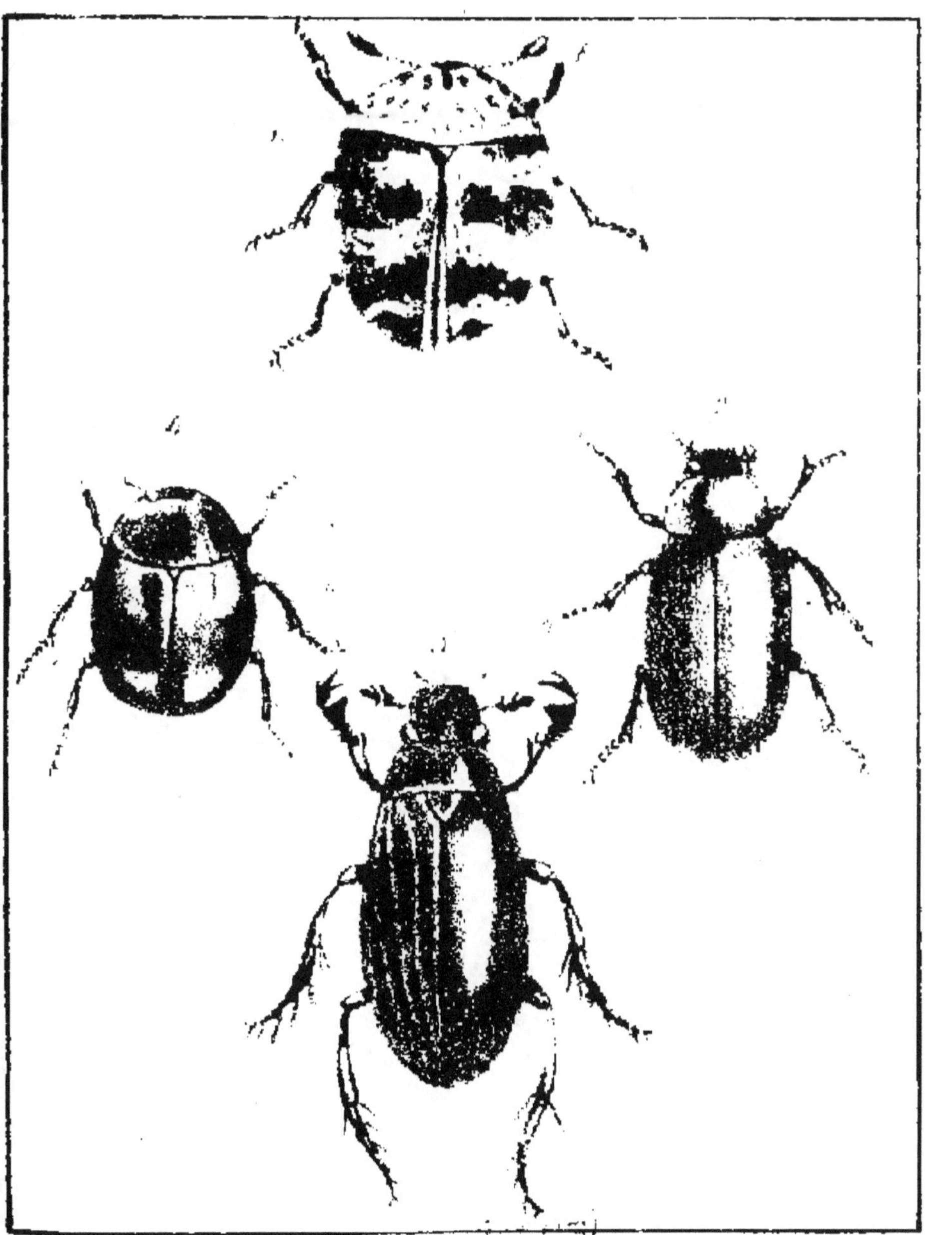

1, 2. Clavicornes, 3, 4. Palpicornes.

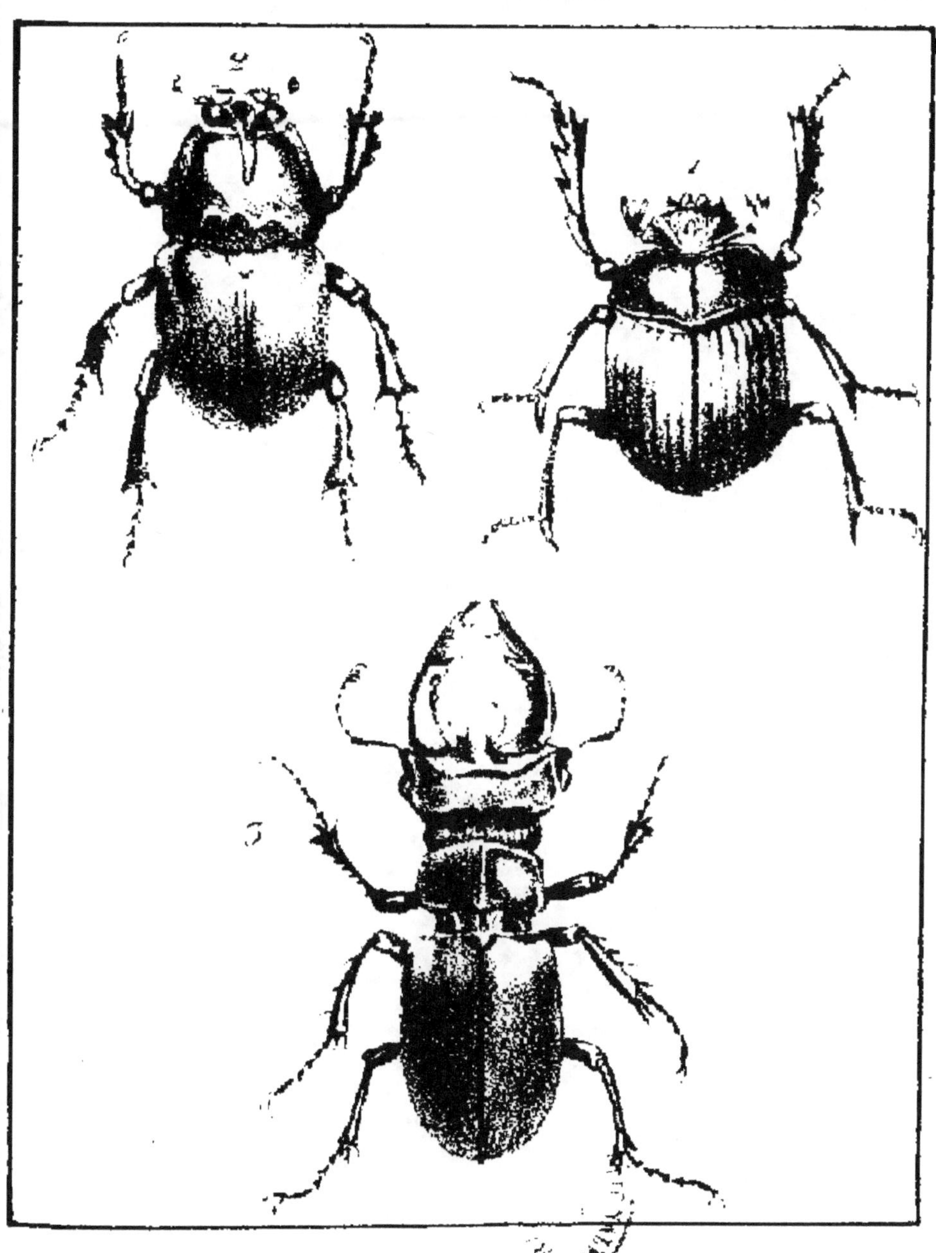

Lamellicornes.

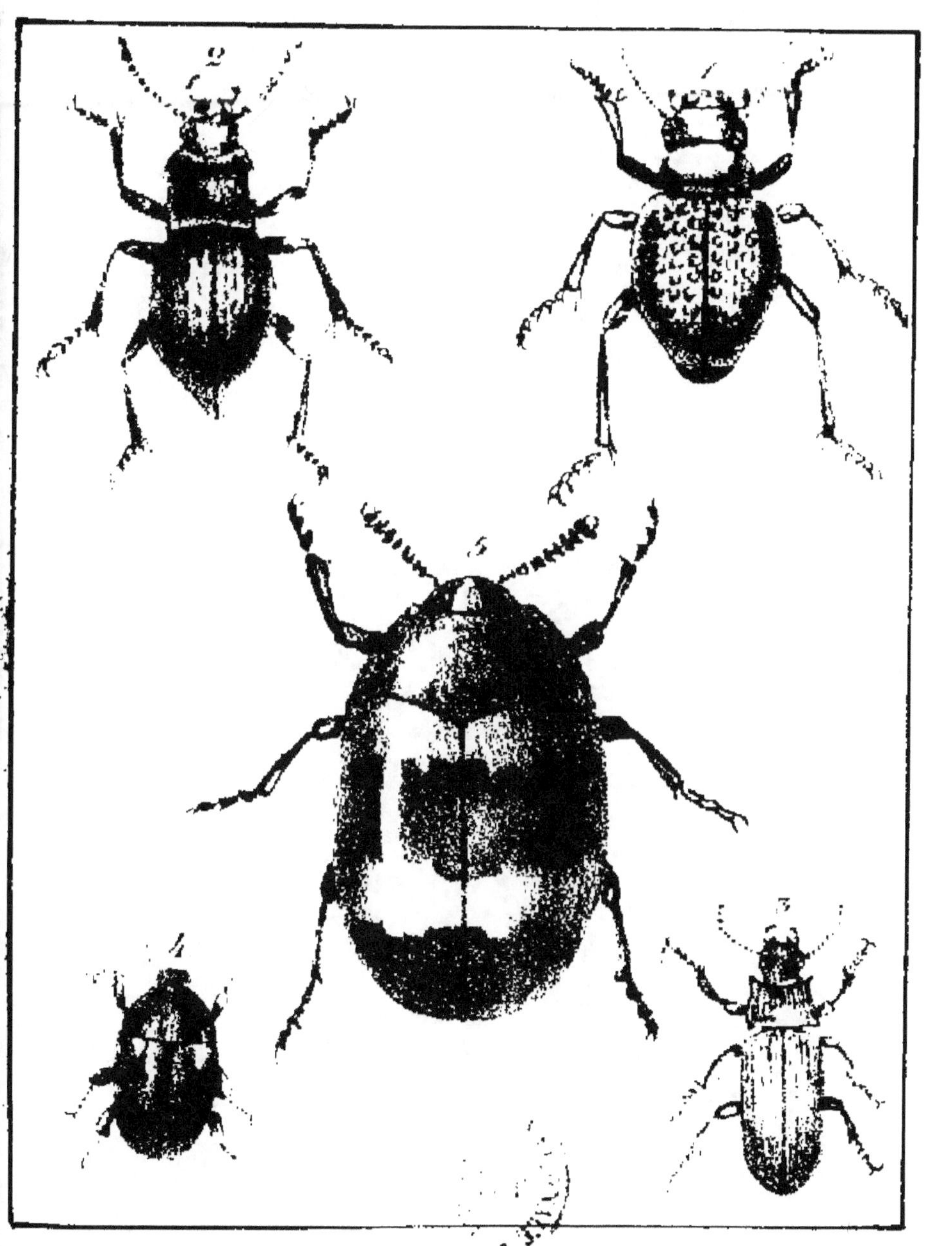

1.2.3. Mélasomes, 4.5. Taxicornes.

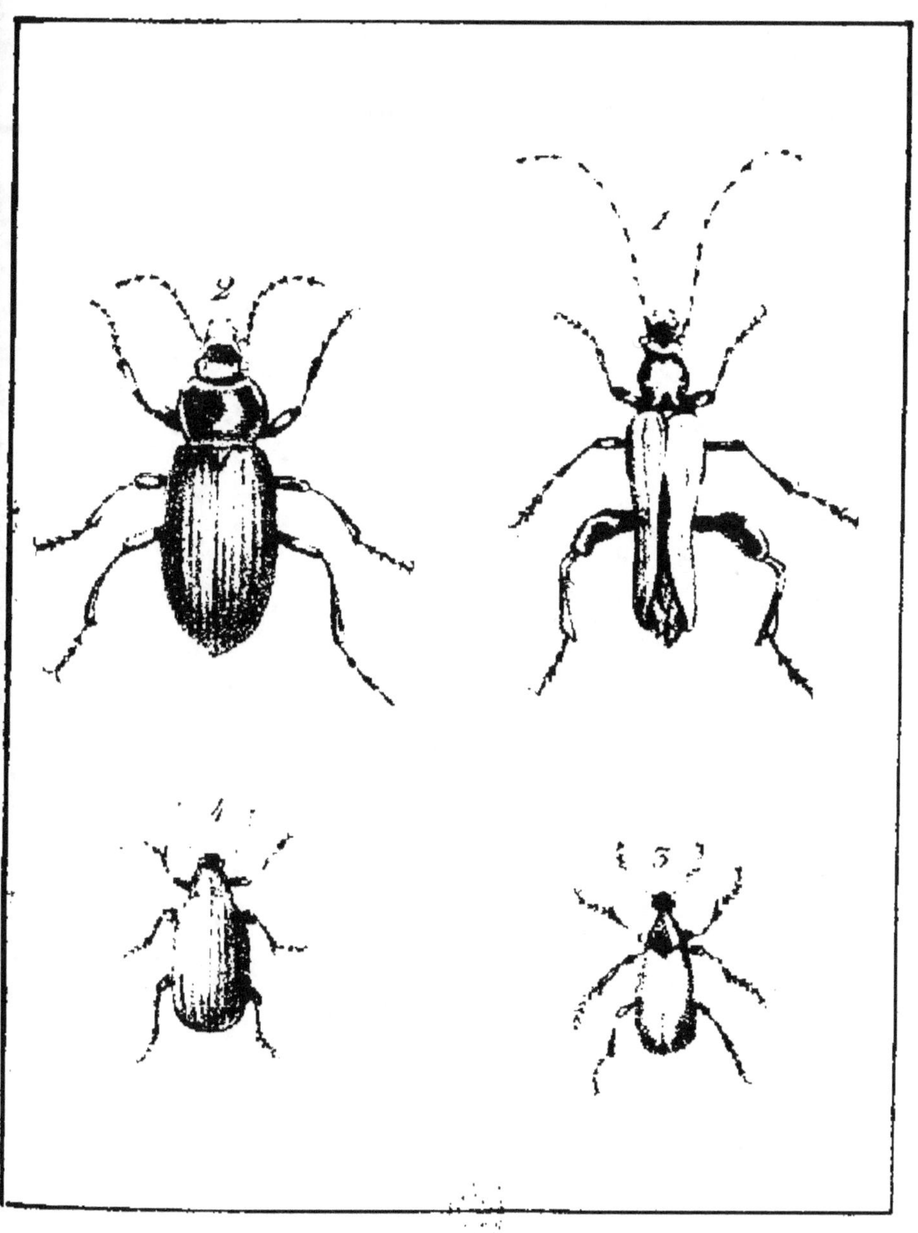

Sténélytres.

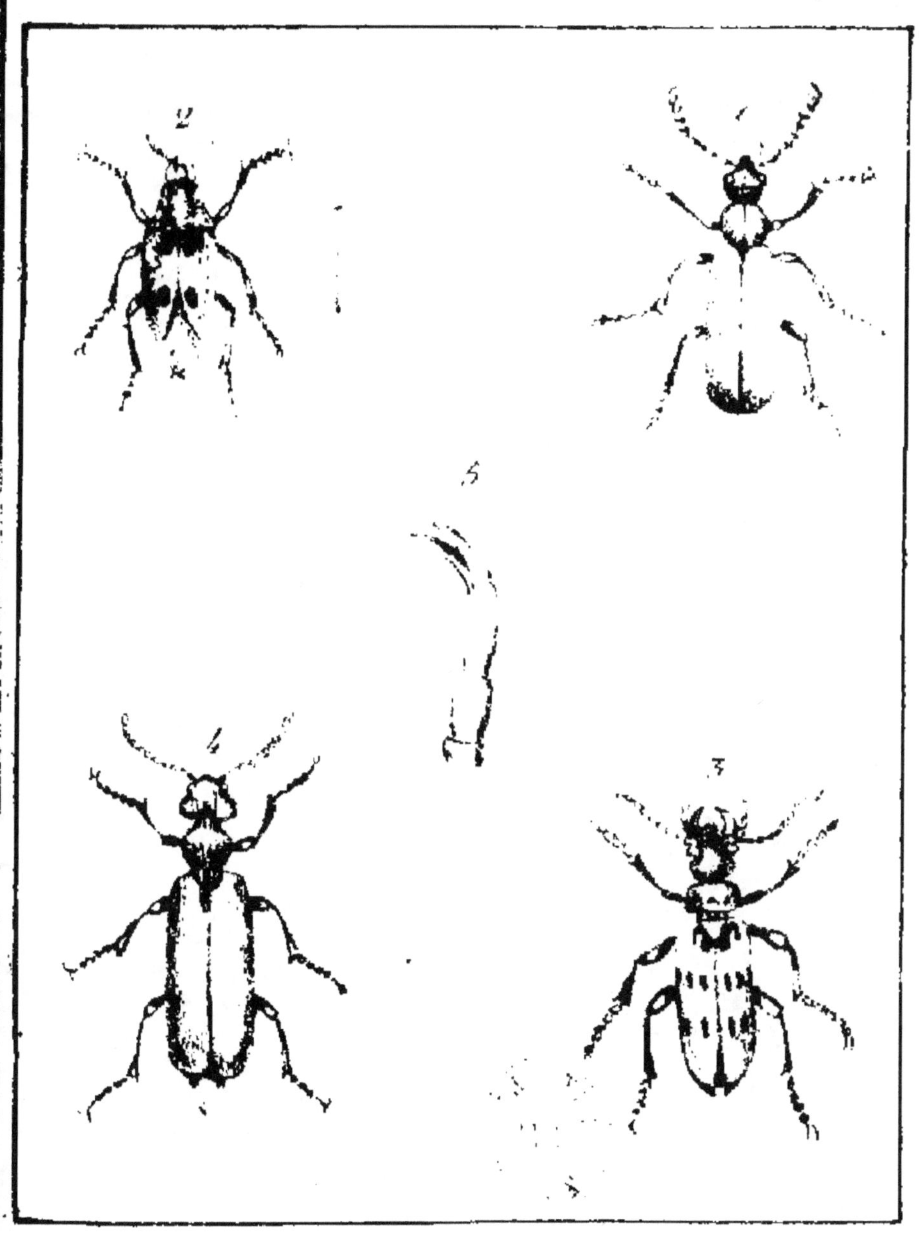

Trachélides.

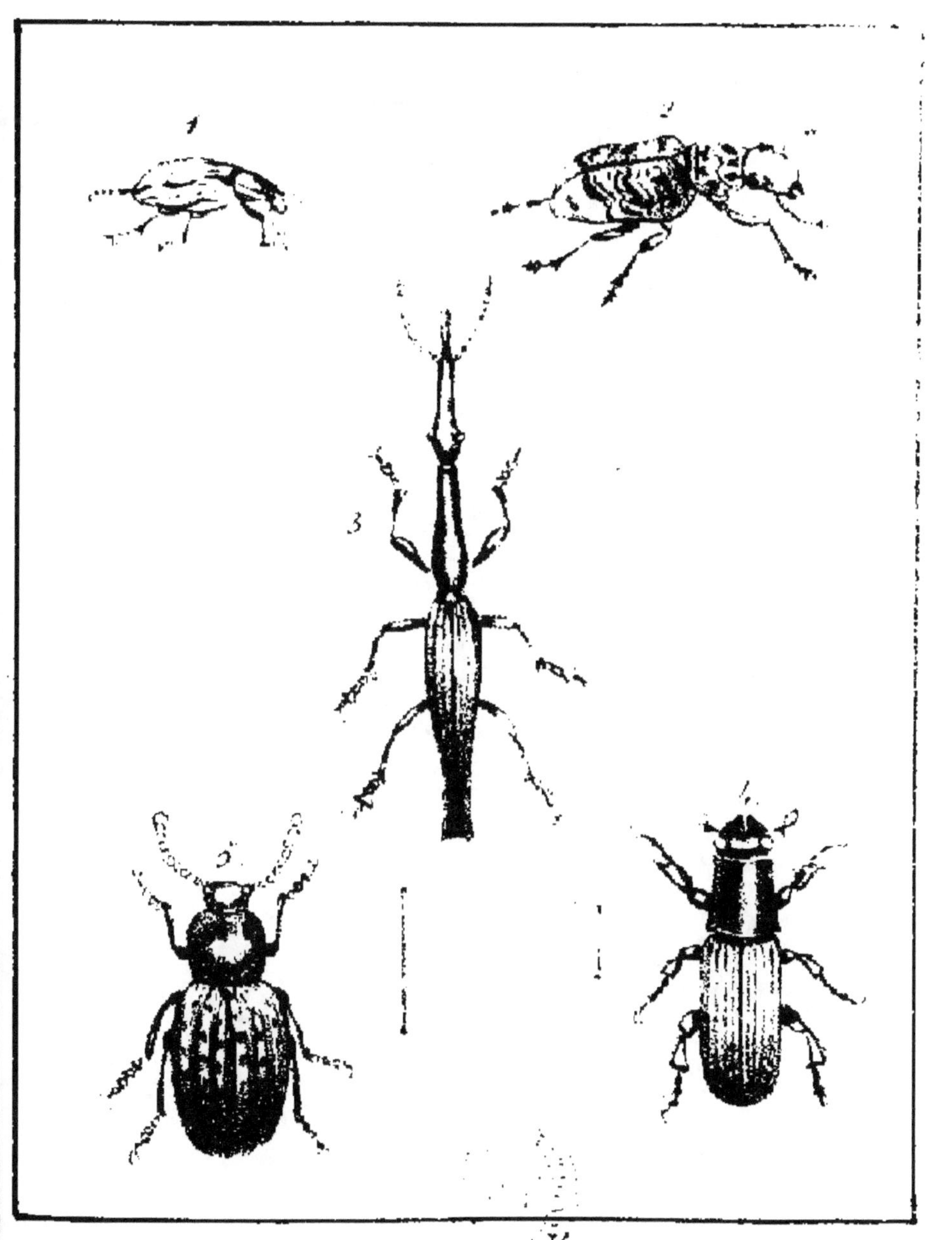

1,2,3. Rhynchophores, 4,5, Xylophages.

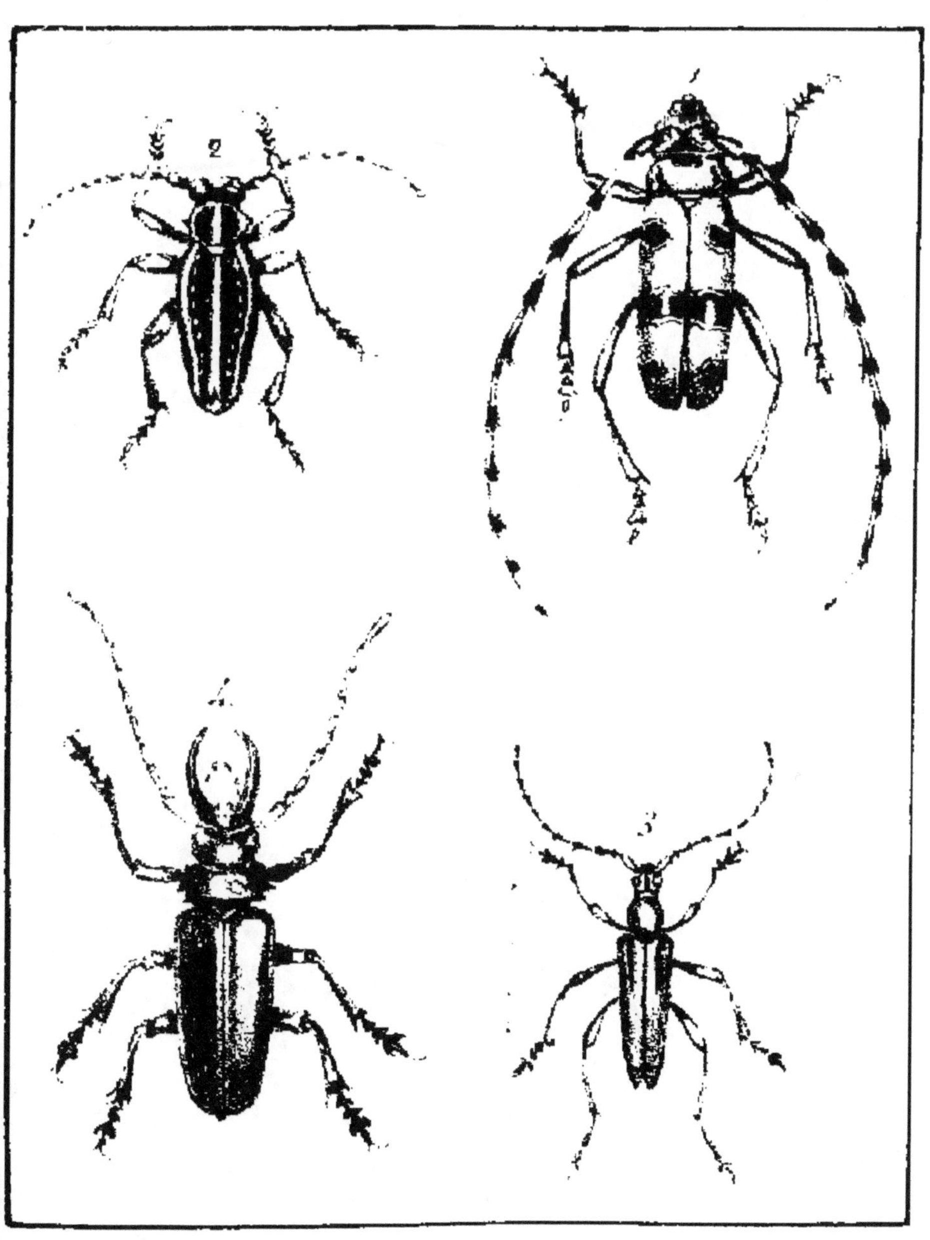

Longicornes.

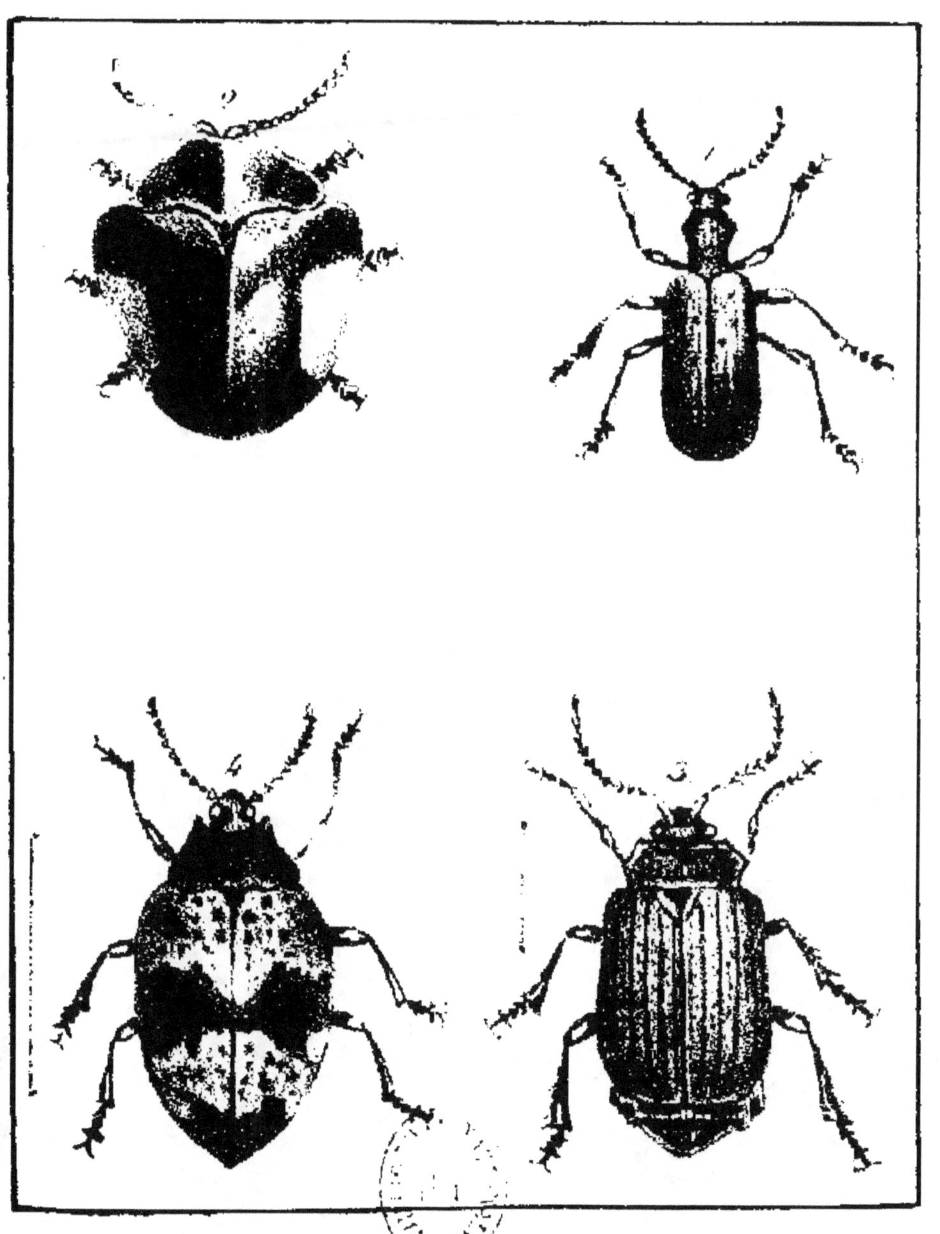

1 Eupodes 2, 3, Cycliques
4. Clavipalpes.

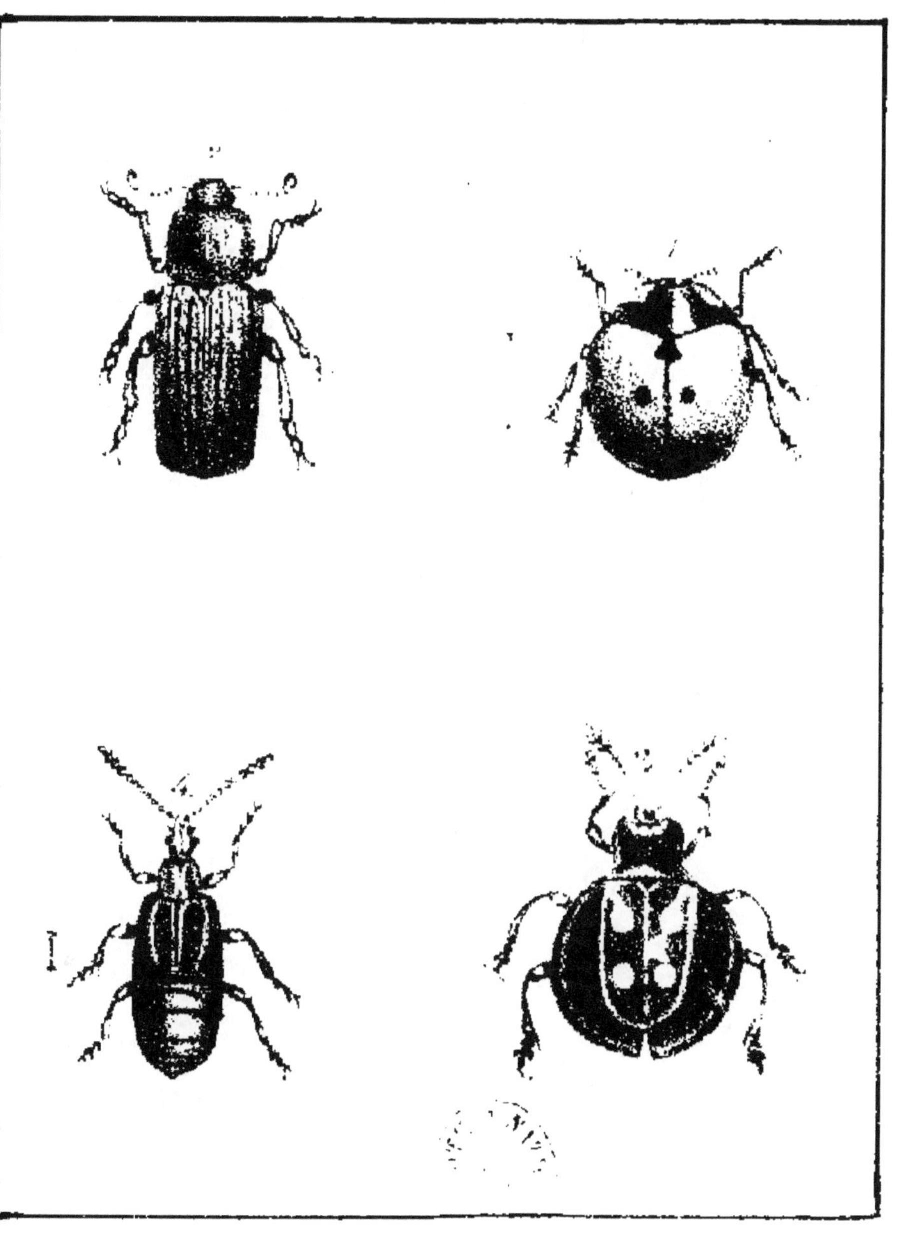

1, Aphidiphages, 2, Fungicoles.
4, Psélaphiens.

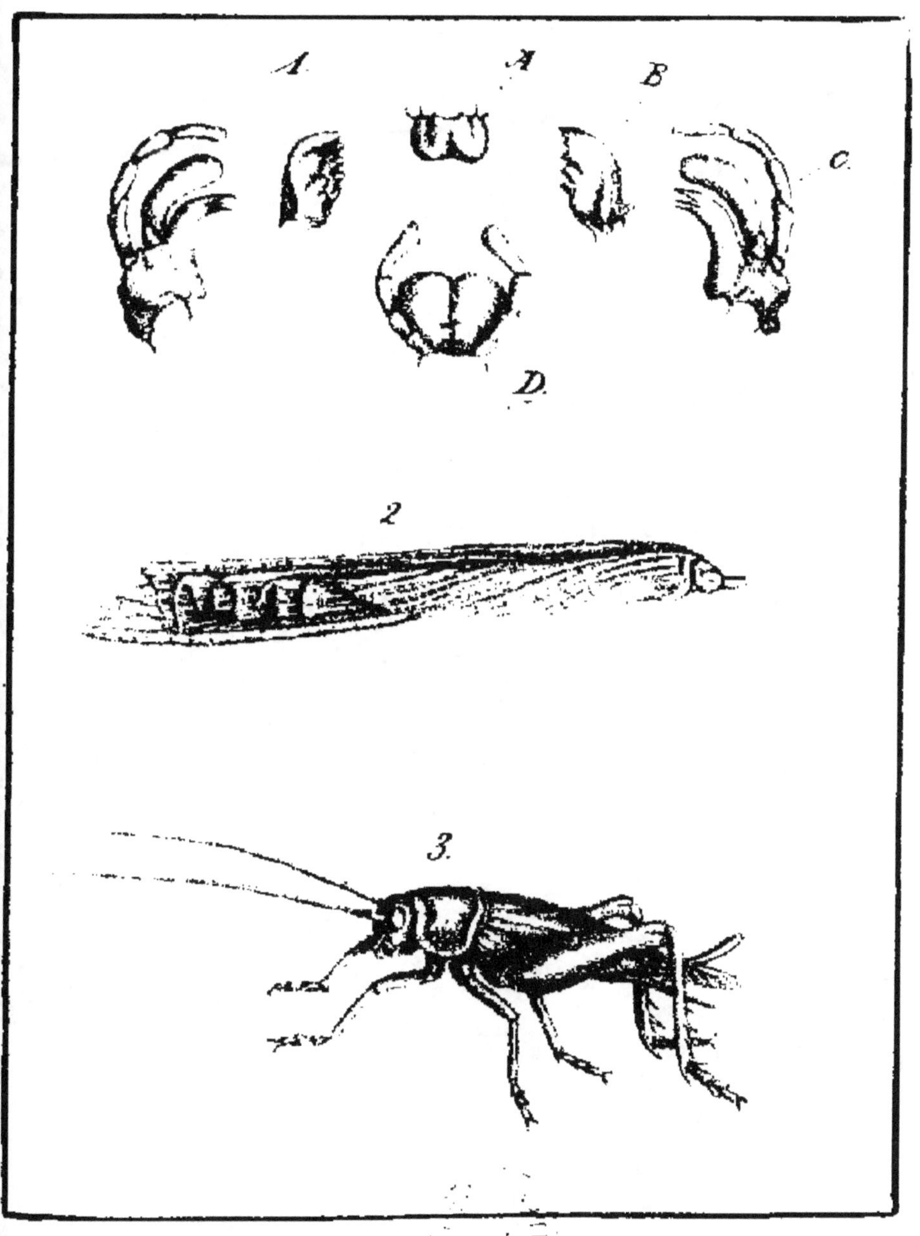

1 2. Caractères. 3. Grilloniens.

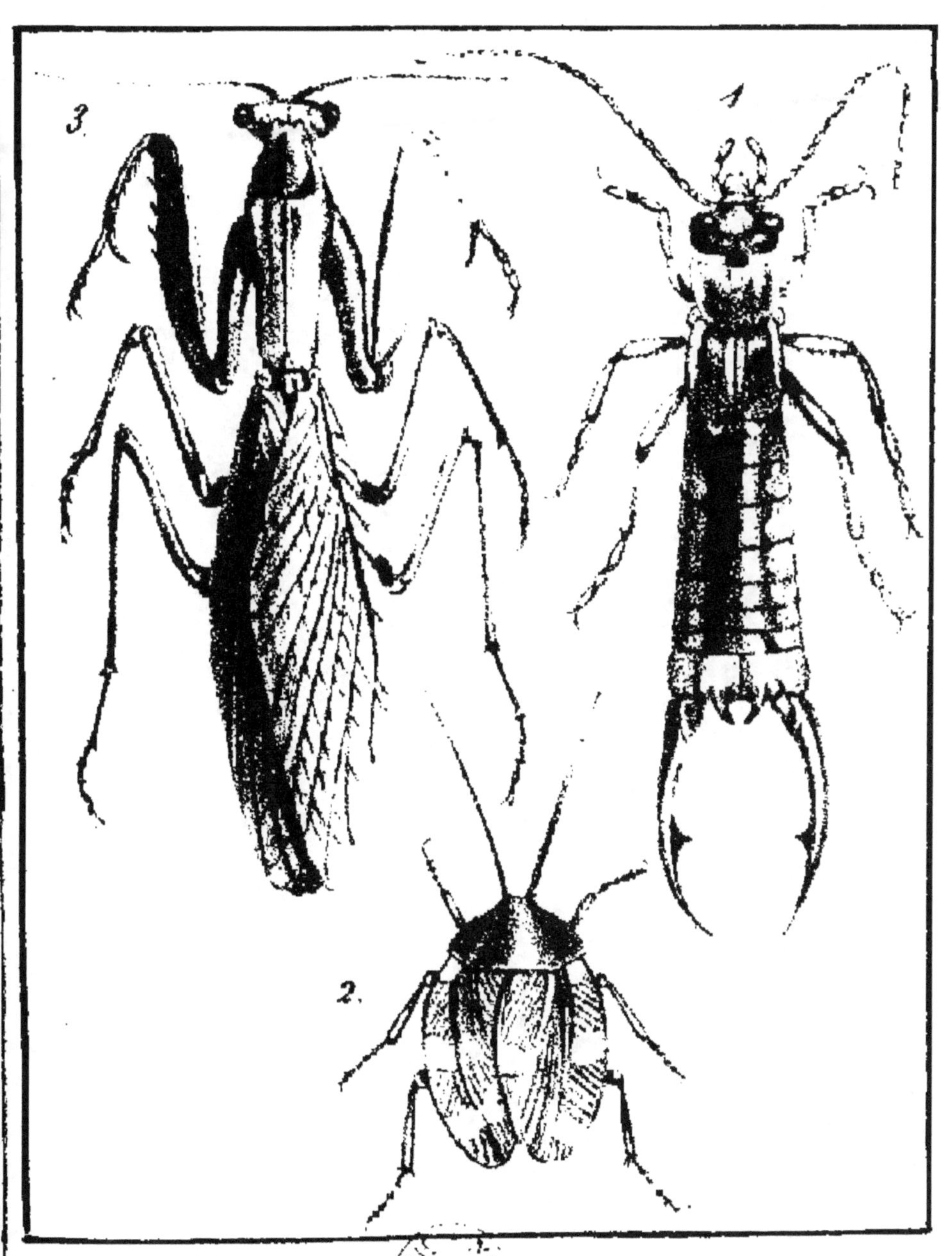

1. Forficulaires. 2. Blattaires.
3. Mantides.

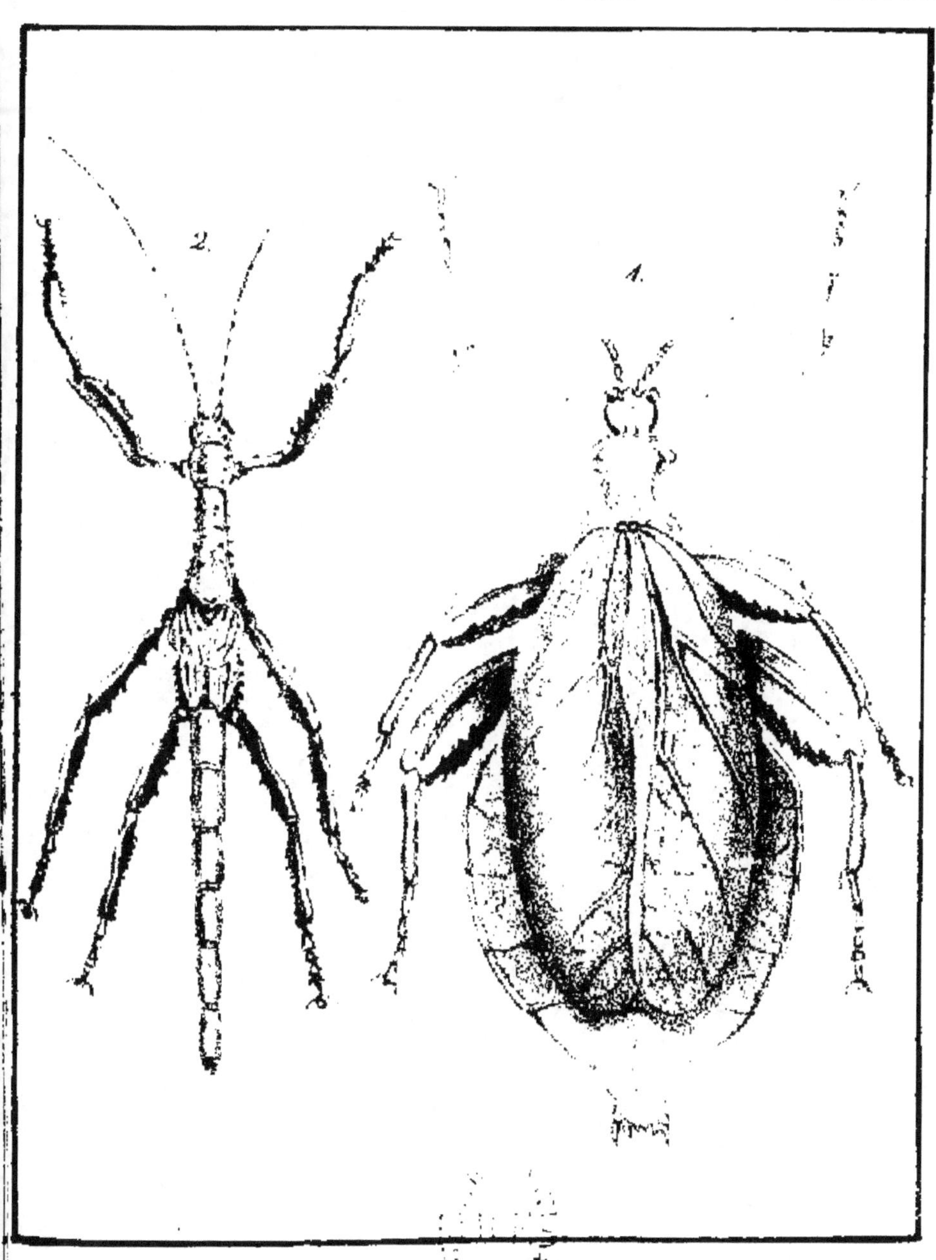

Spectres.

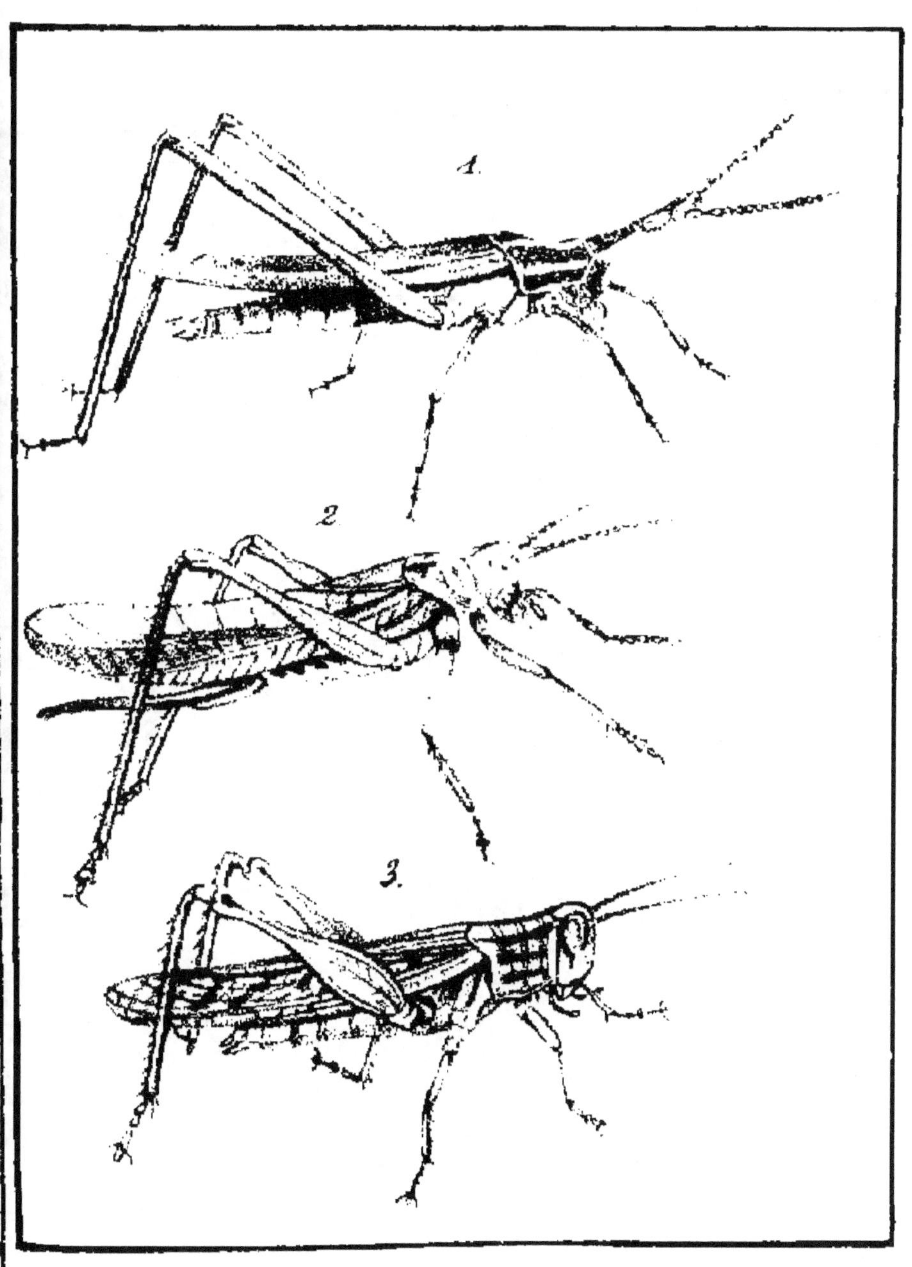

1, 2. Locustaires. 3. Acridiens.

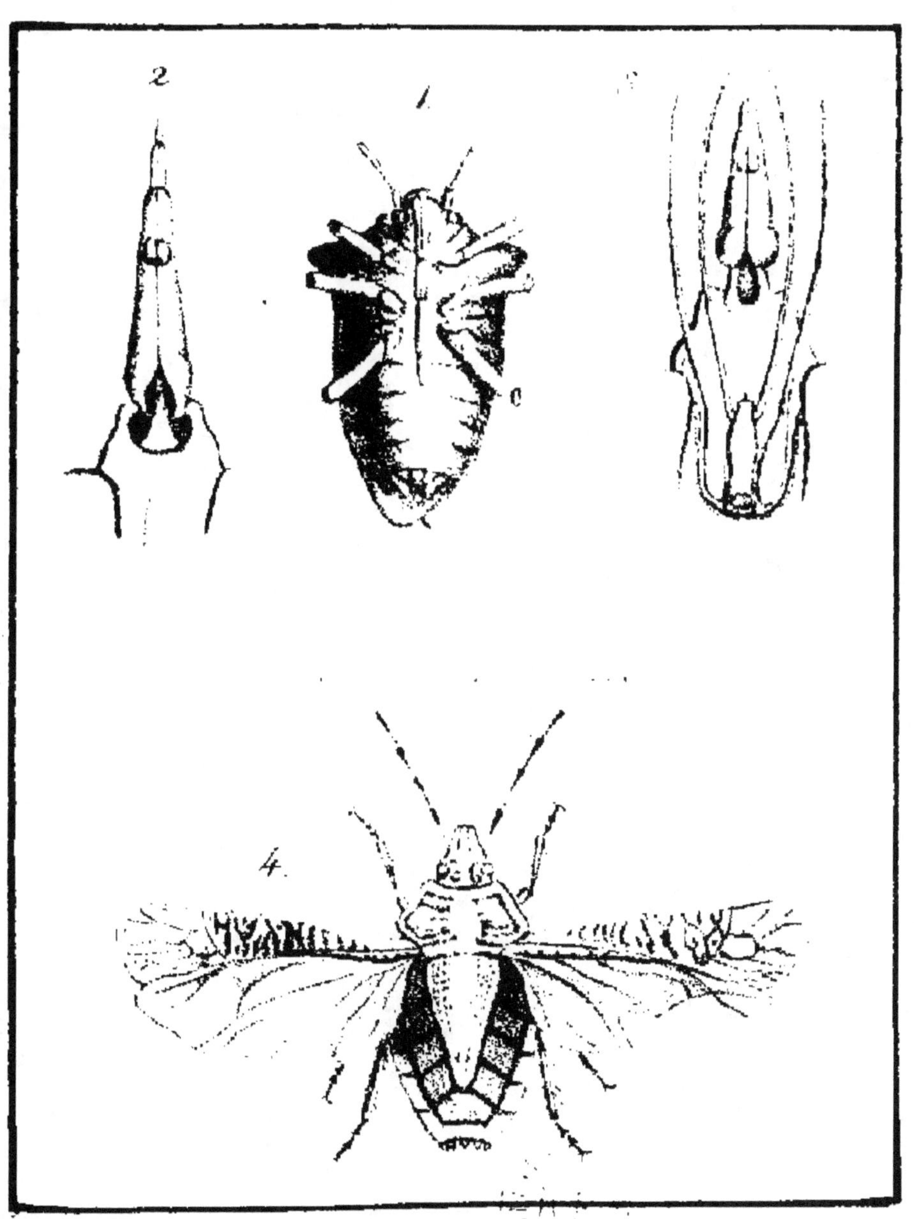

1, 2, 3. Caractères, 4 Géocorises.

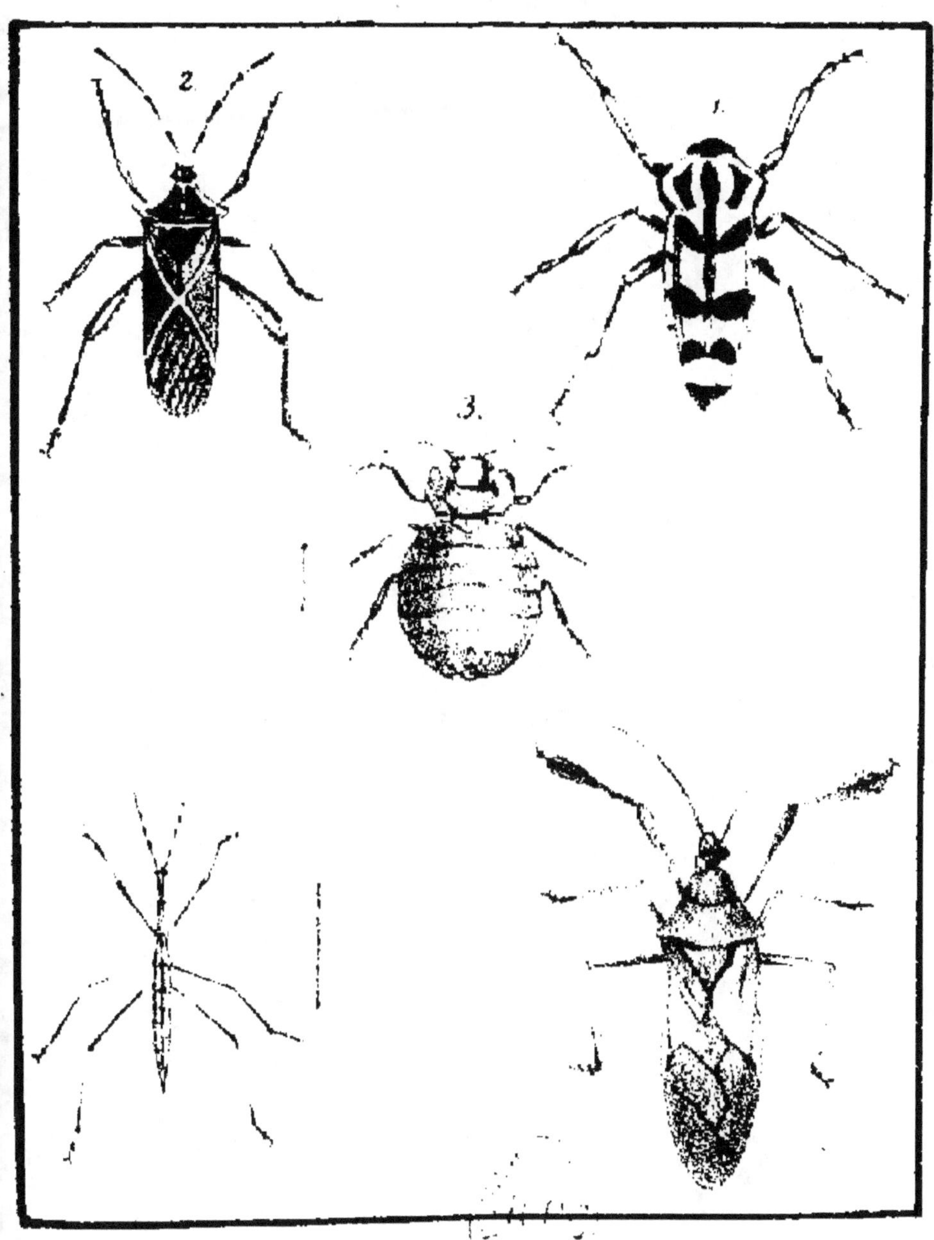

Géocorises.

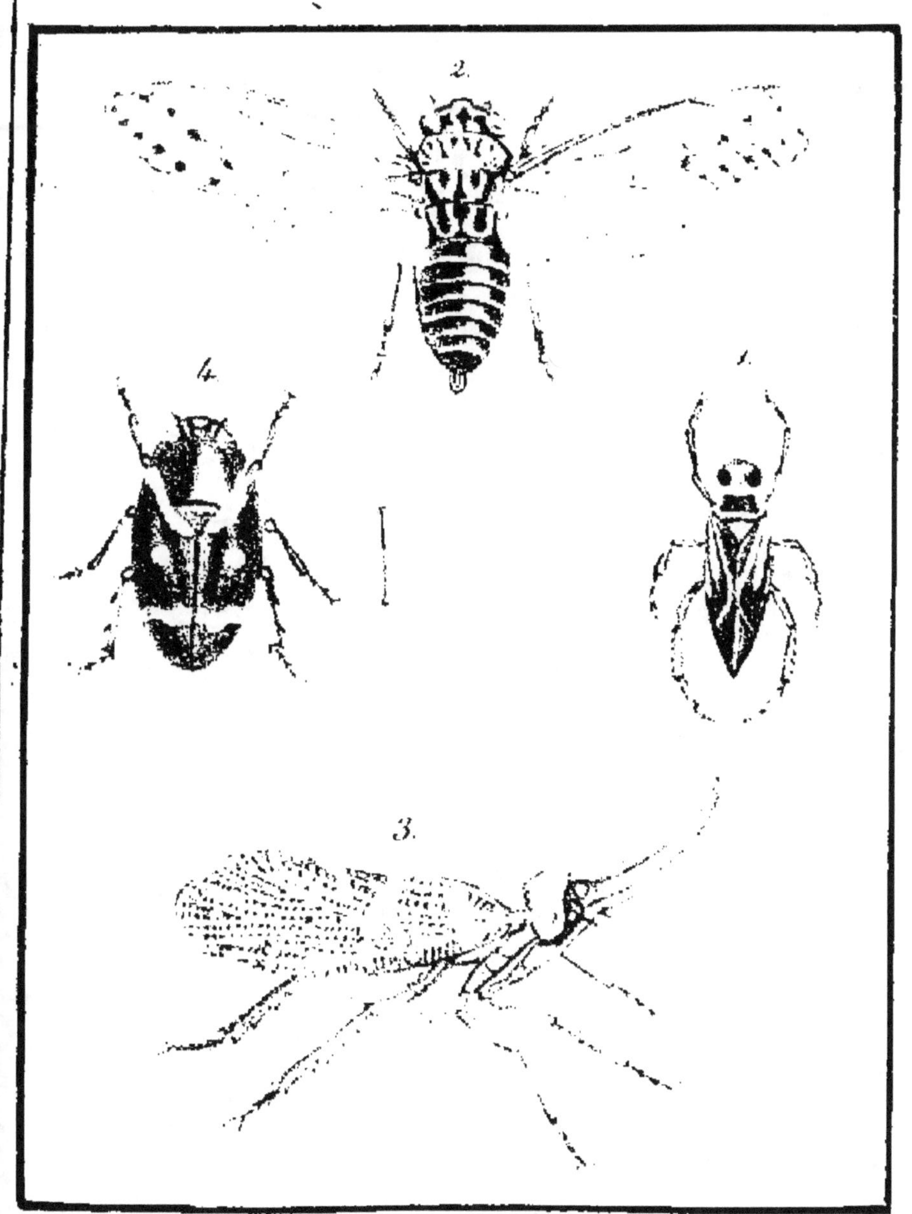

1. Hydrocorises 2,3,4. Cicadaires.

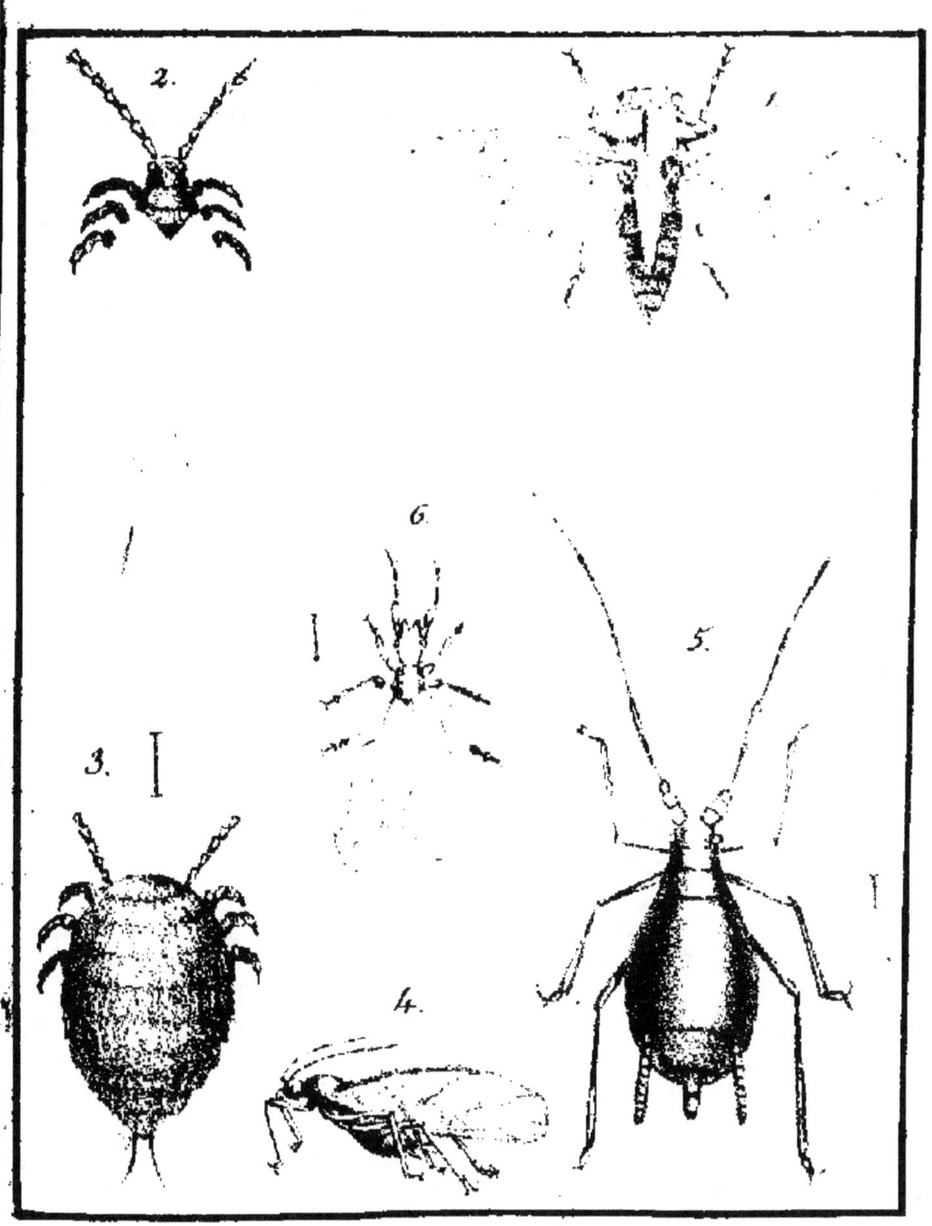

1, Cicadaires 2, 3, Gallinsectes,
4, 5, 6, Hyménélytres.

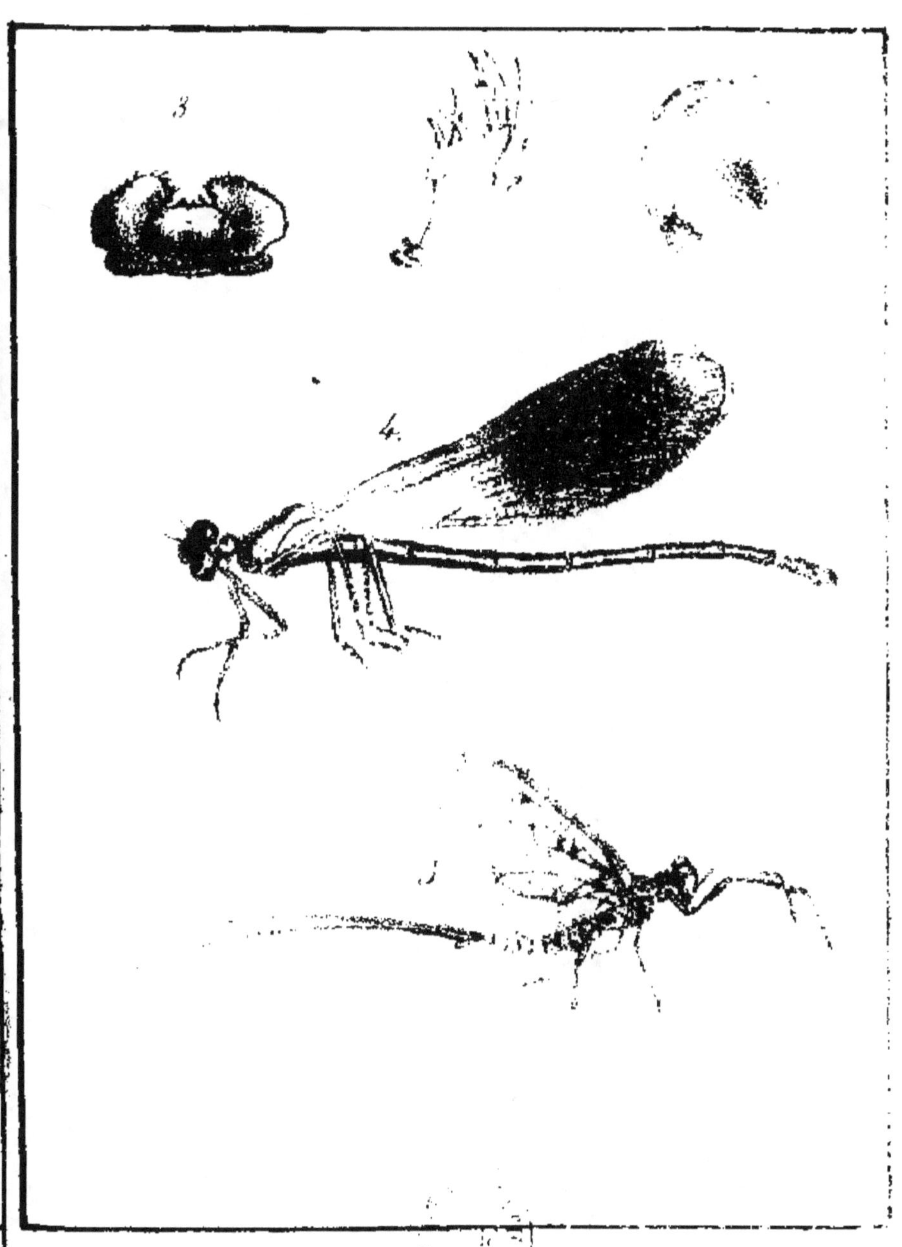

1, 2, 3, Caractères, 4, Labelluliens.
5. Éphémérines

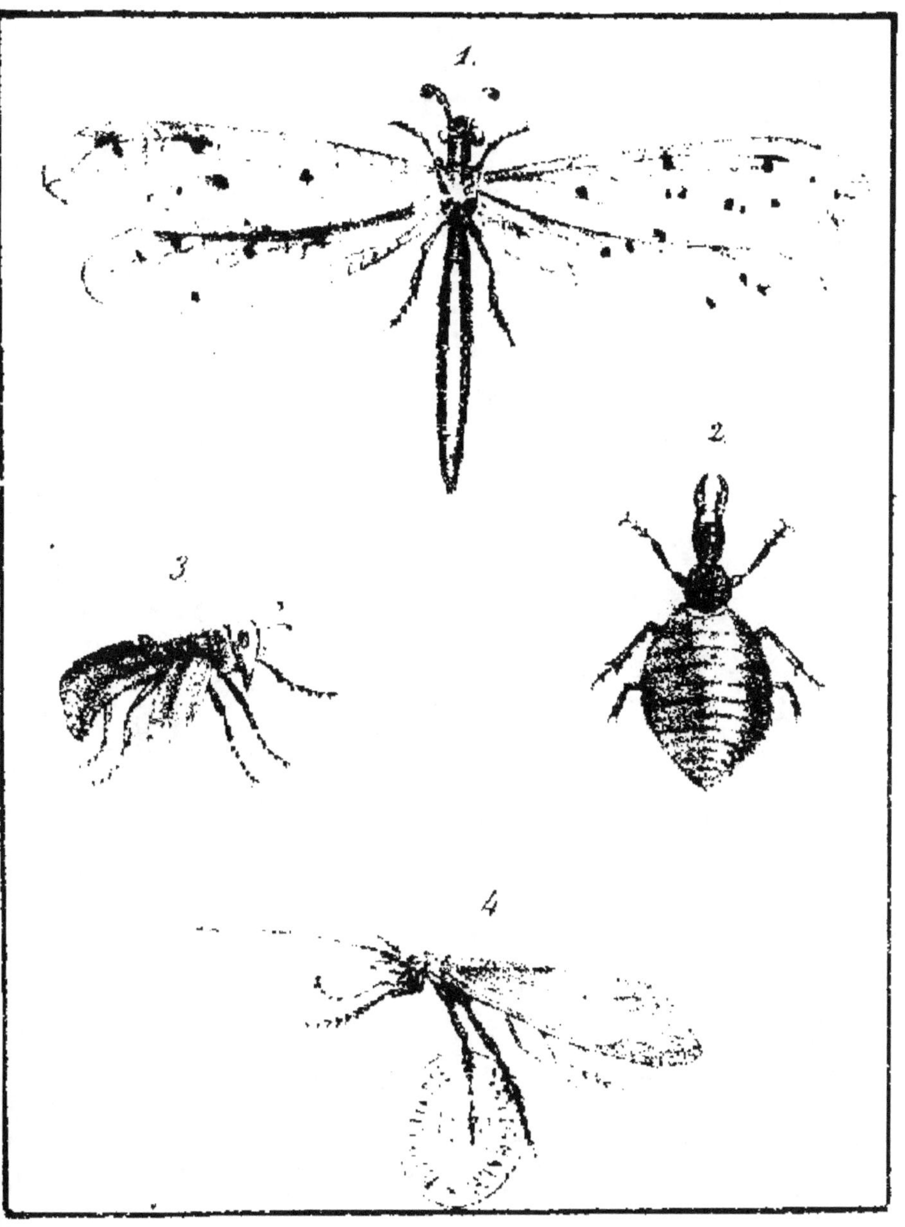

1,2,3. Planipennes, 4. Plicipennes.

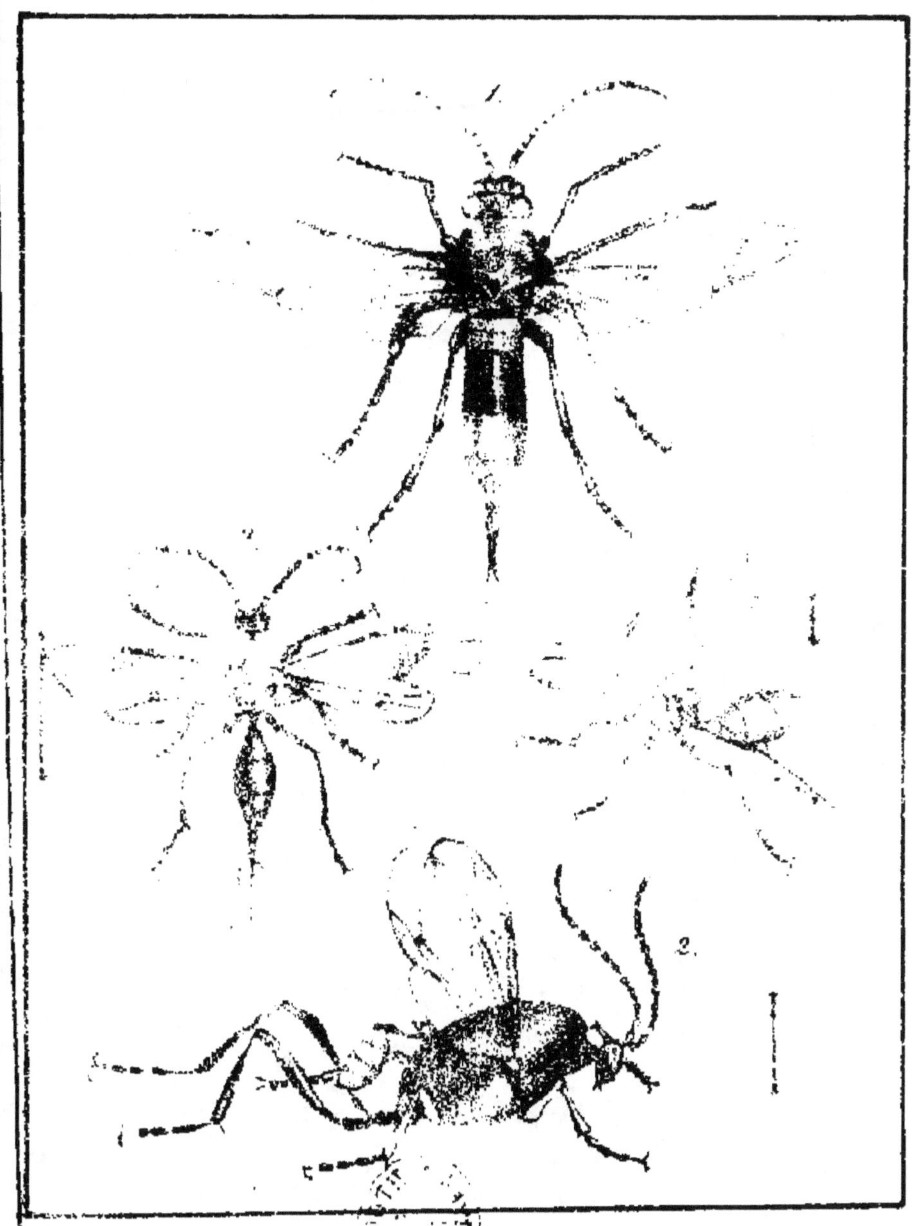

1, Porte Scie. 2,3,4, Pupivores.

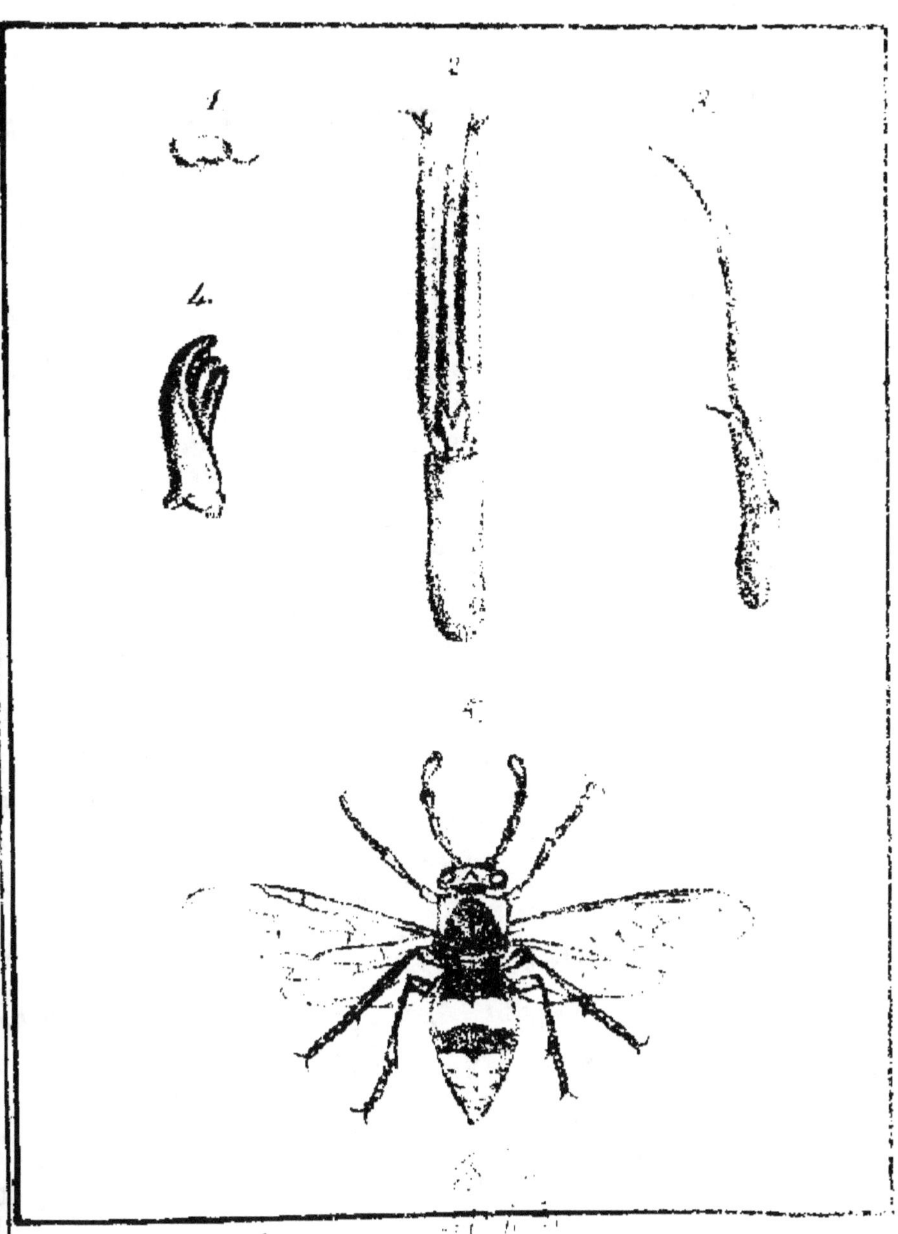

1.2.3.4. Caractères. 5. Porte Scie.

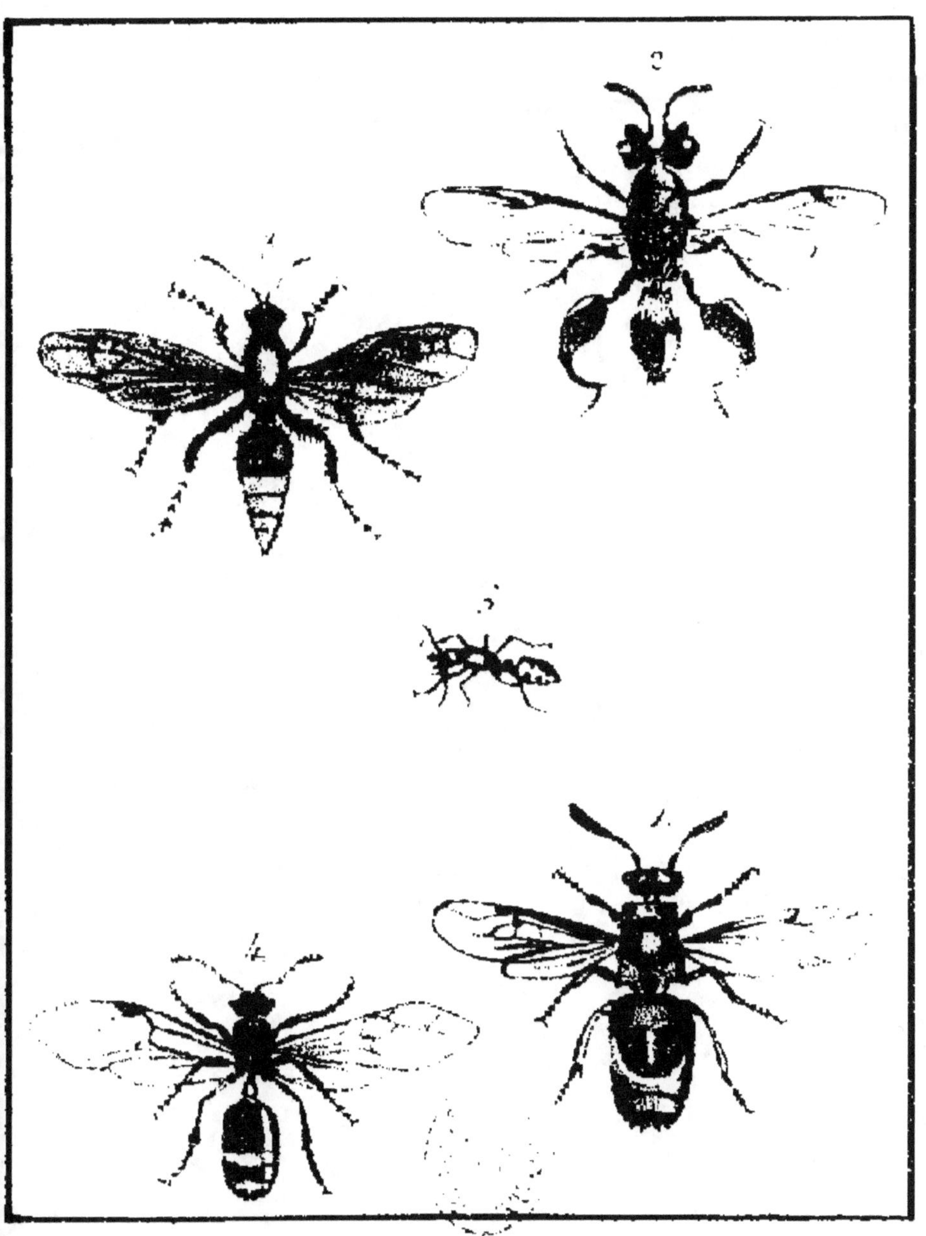

1, 2, Pupivores, 3, 4, 5, Hétérogynes.

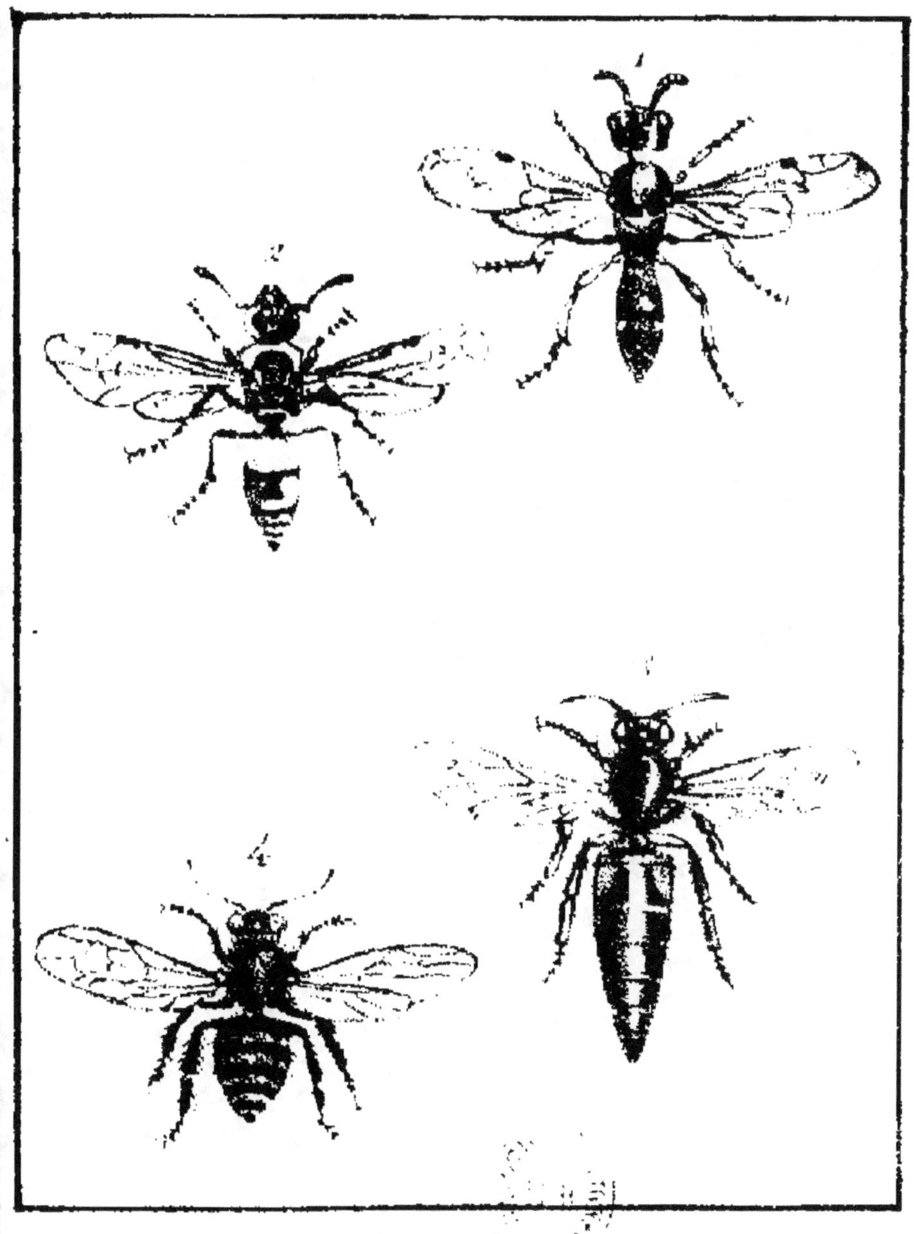

1. Fouisseurs, 2. Diploptères.
3, 4. Mellifères.

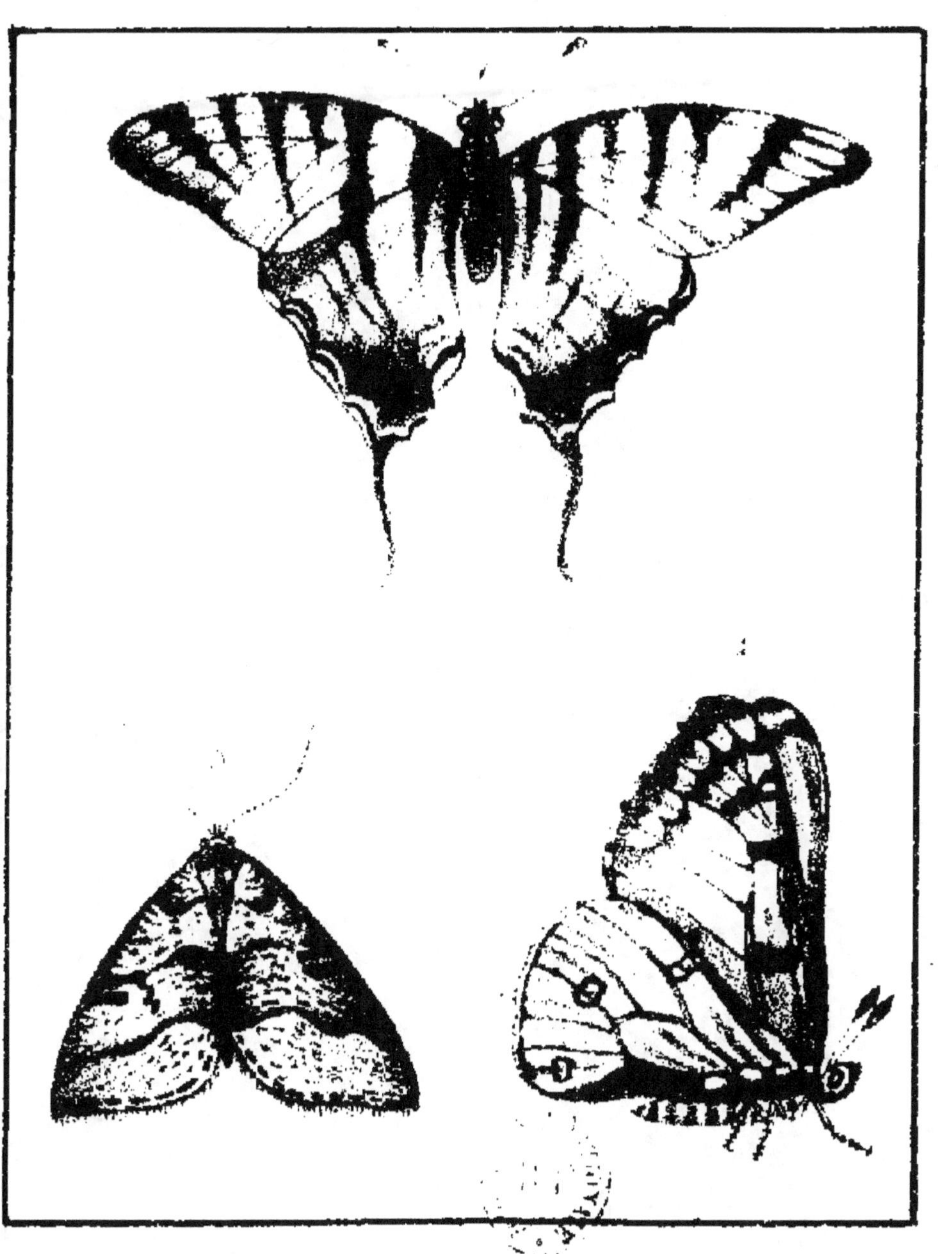

1,2, Diurnes, 3 Nocturnes.

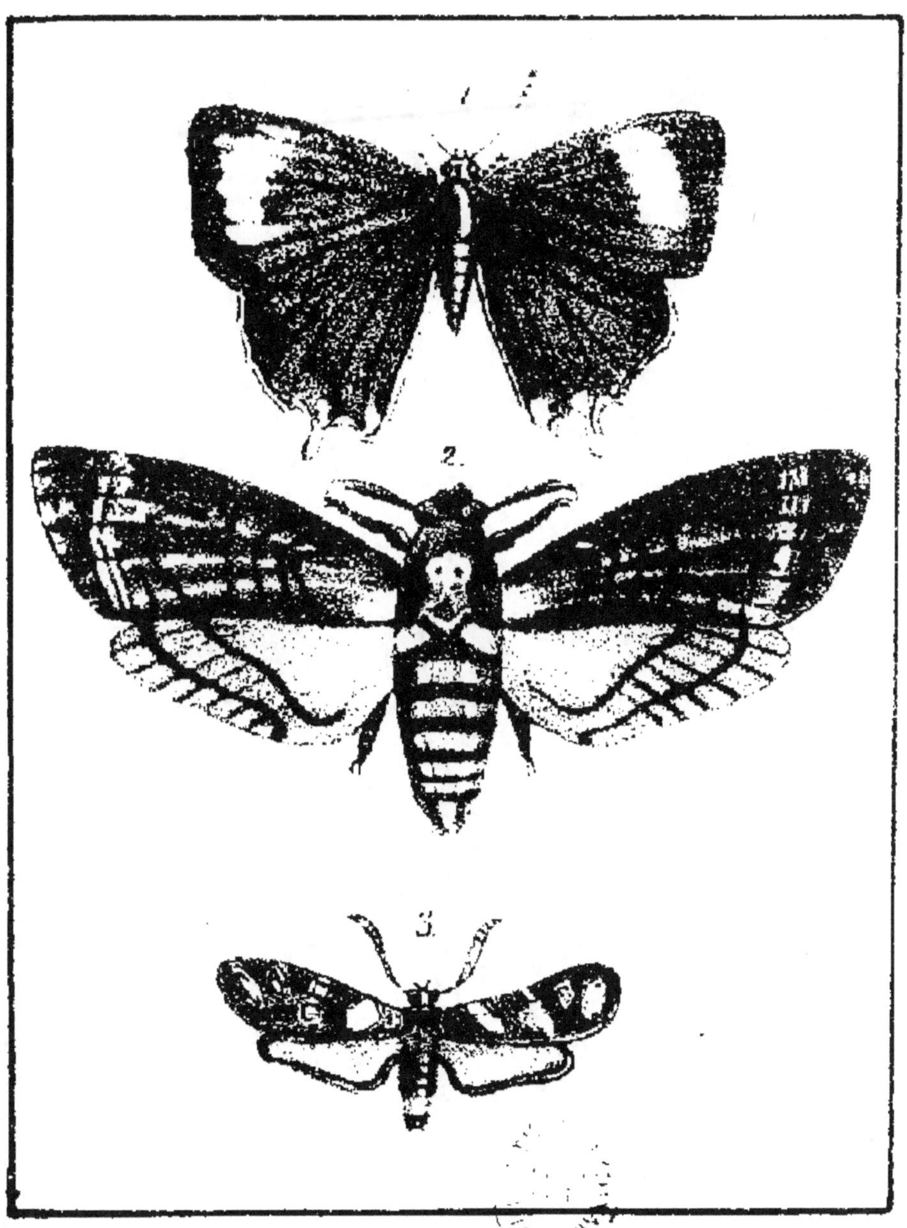

1. Diurnes, 2,3, Crepusculaires.

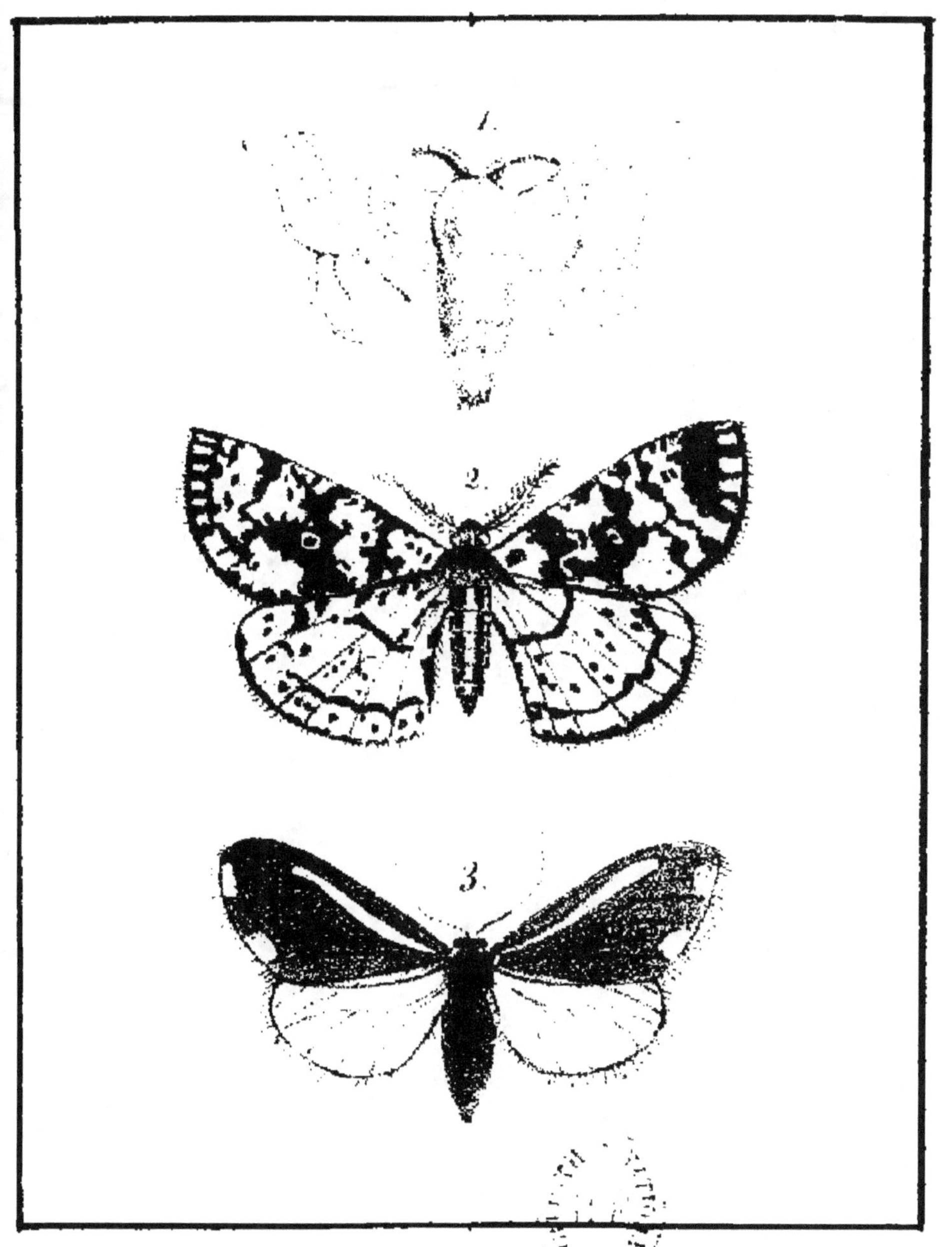

Nocturnes.

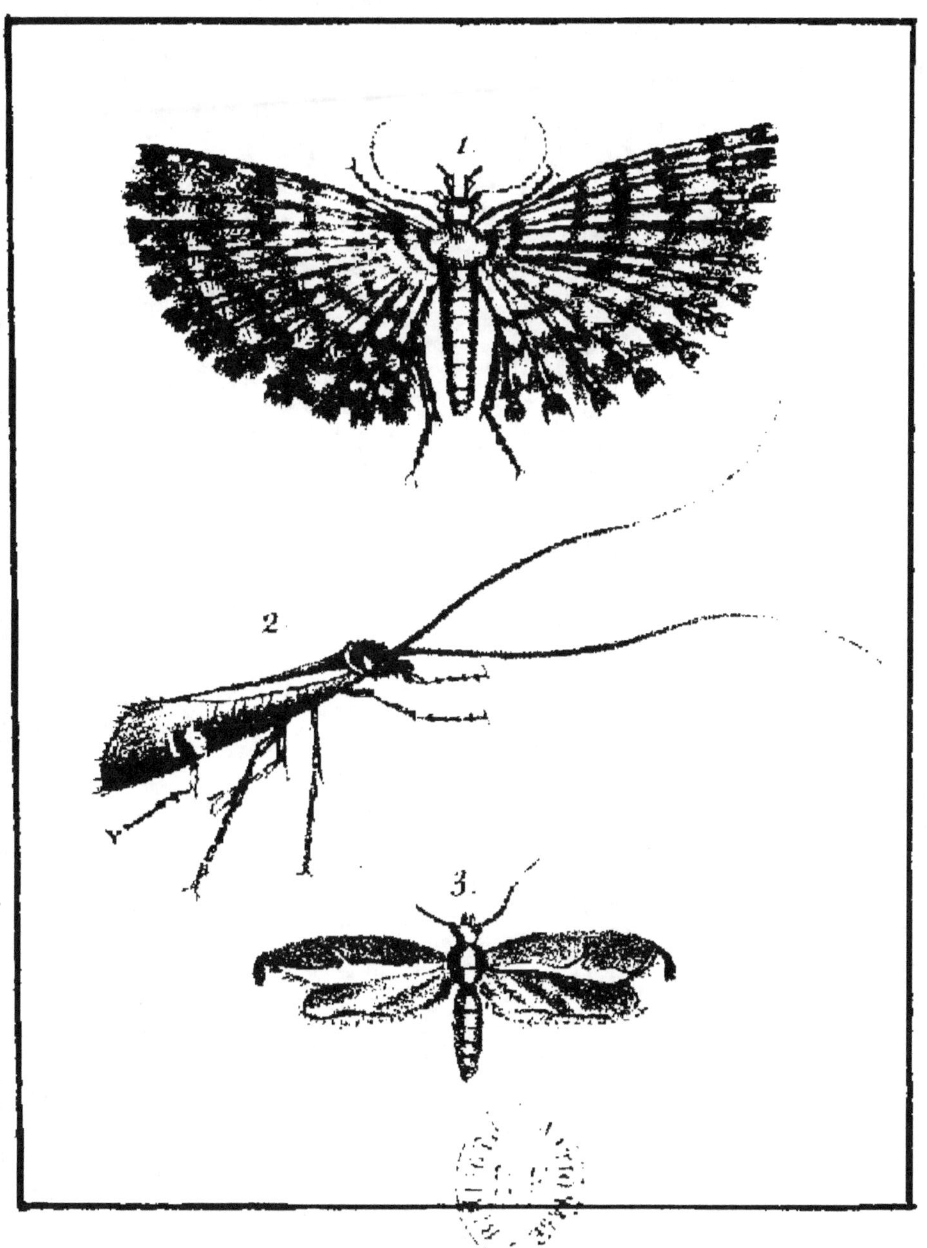

Nocturnes.

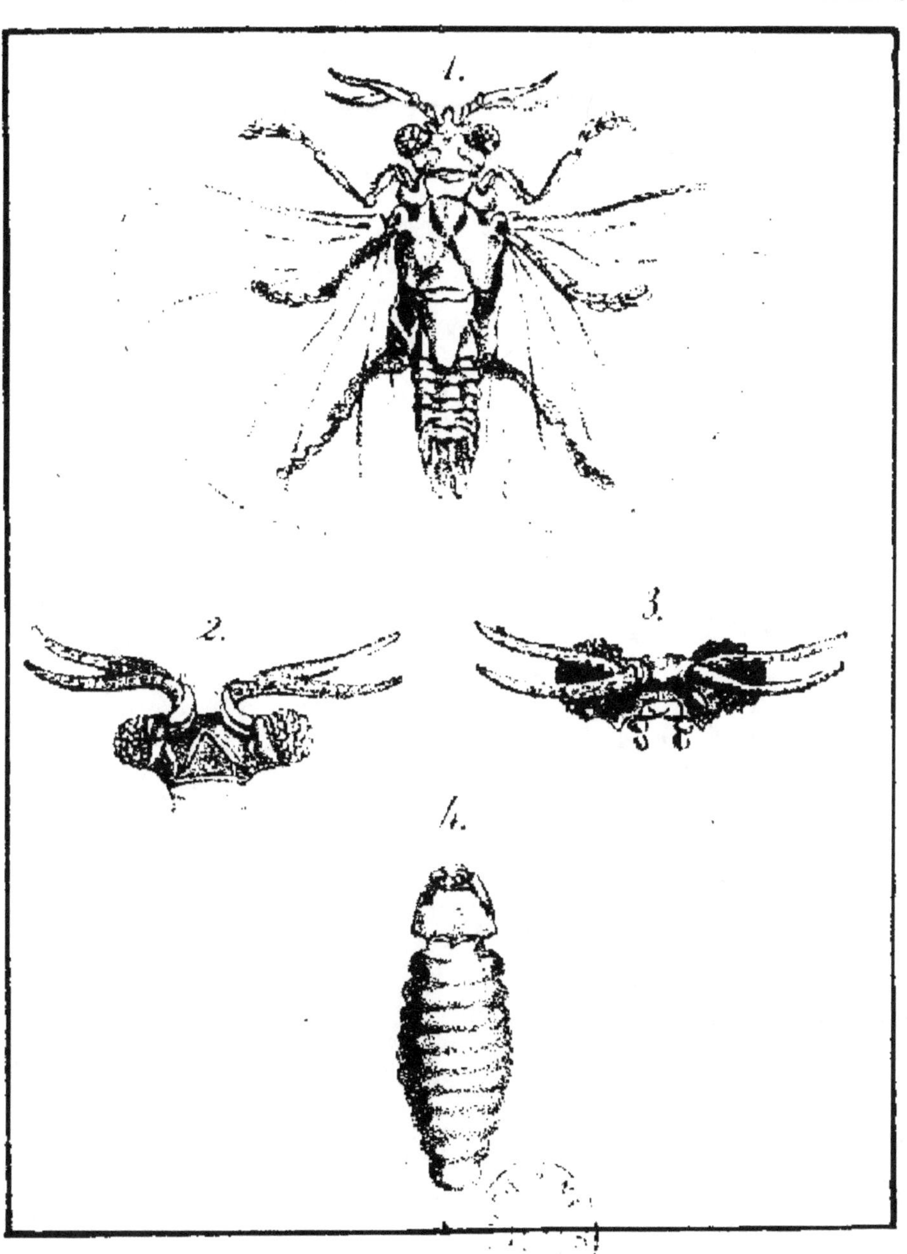

Xénos

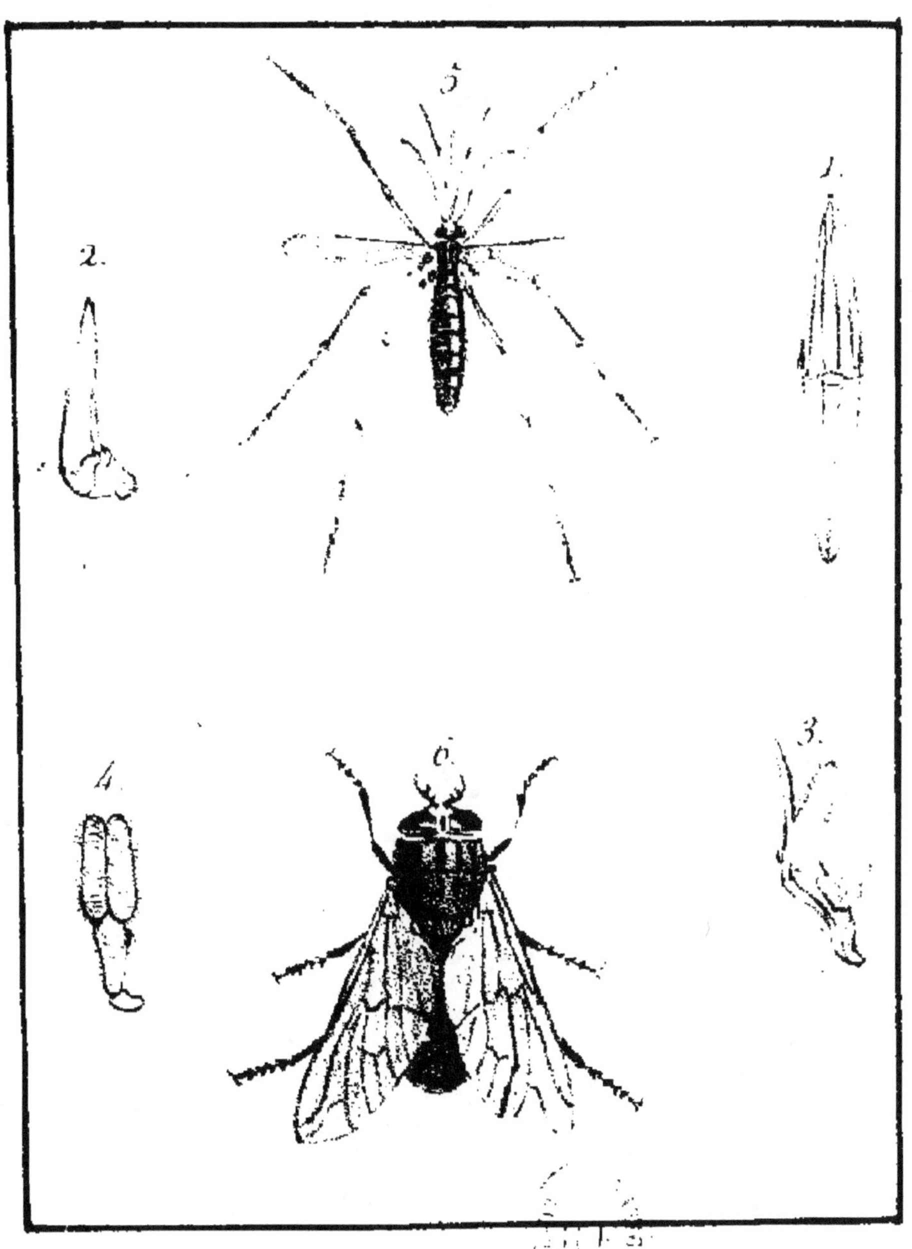

1,2,3,4, Caractères. 5, Némocères.
6, Tanystômes.

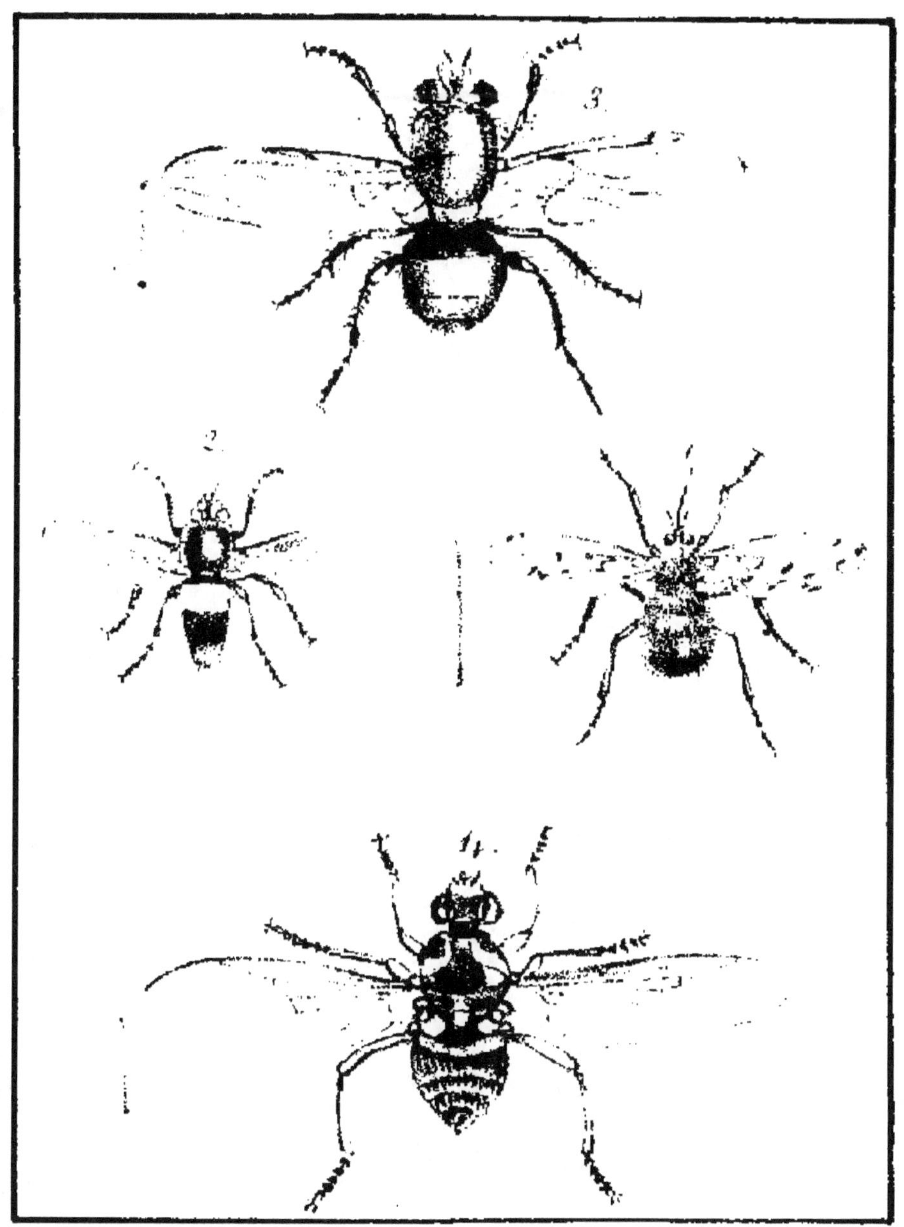

1. Tanystômes. 2. 3. Authéricères.
4. Pupipares.

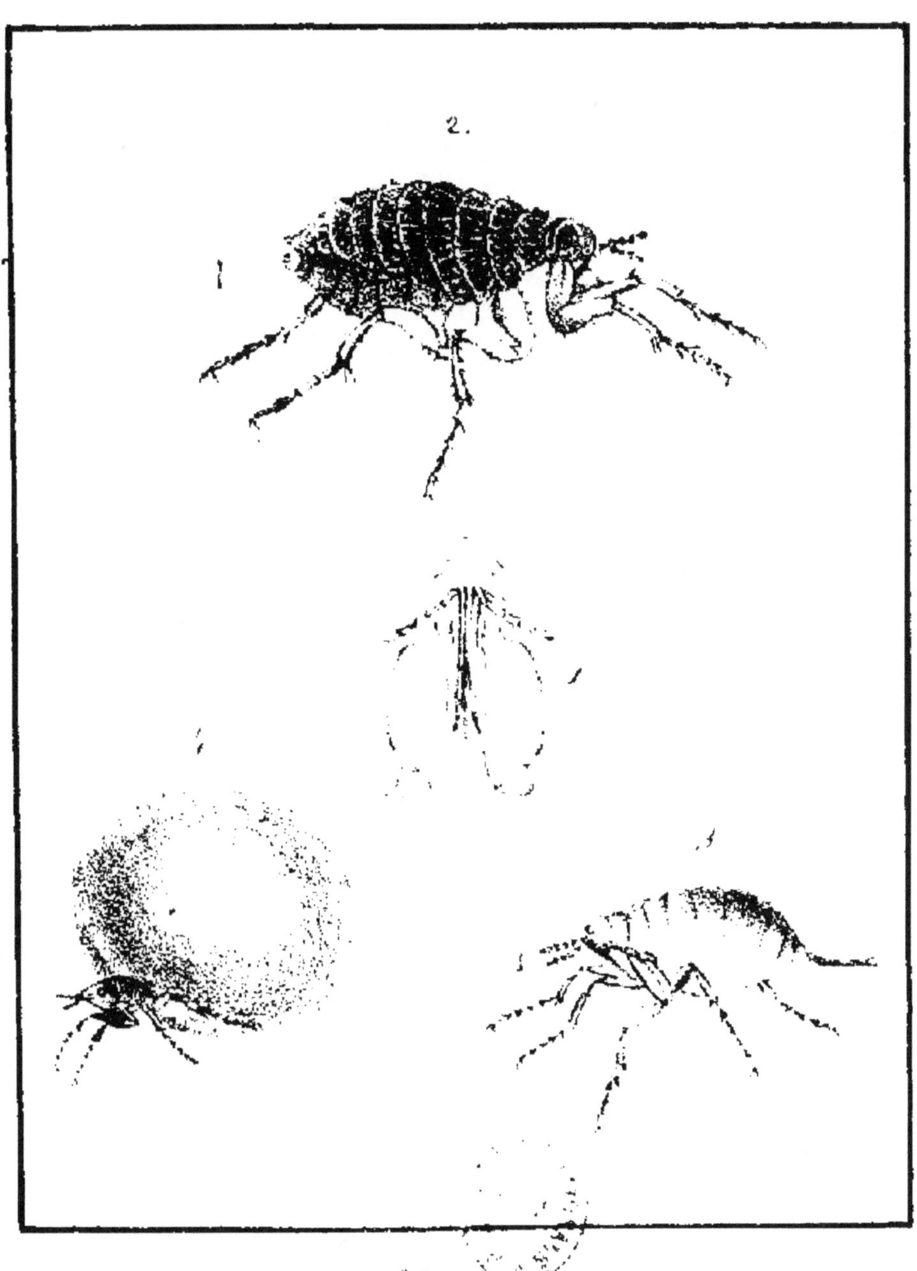

Puces

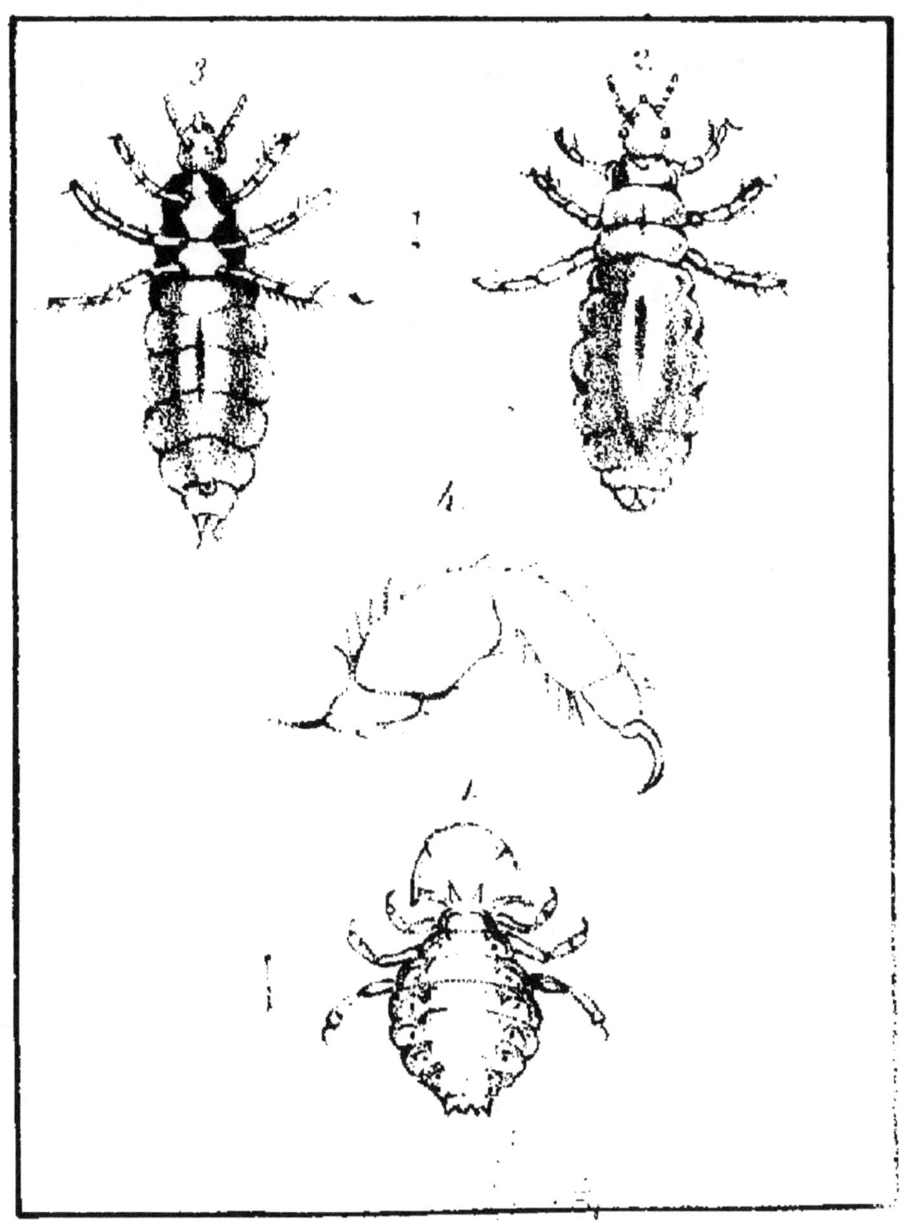

1, Mandibulés. 2, 3, 4, Siphonculés.

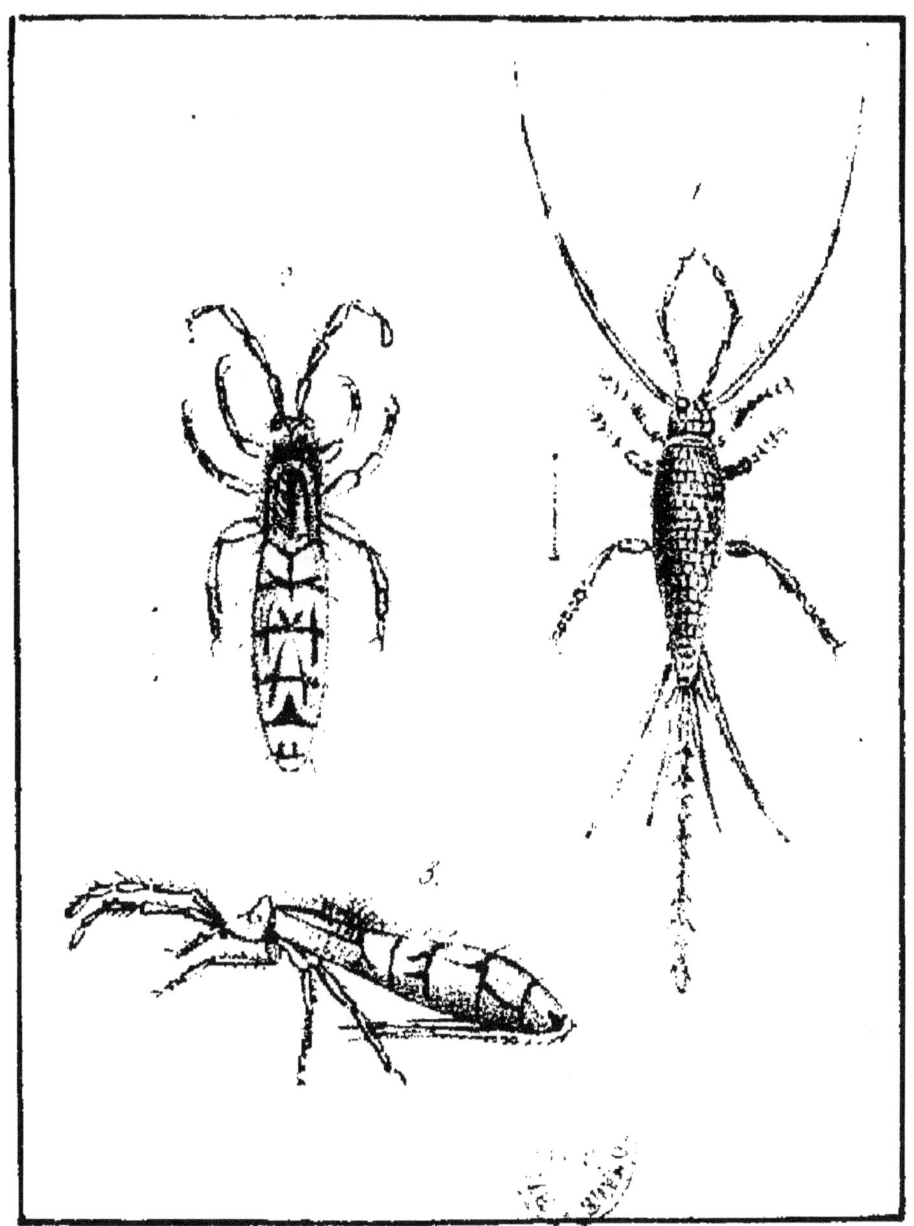

1, Lepismènes, 2,5, Podurelles.